New Media 新媒体·新传播·新运营 系列丛书

短视频创作

策划、拍摄、剪辑

（全彩慕课版）

王翎子 / 主编
虞勤 姚羽杰 / 副主编

人民邮电出版社
北京

图书在版编目（CIP）数据

短视频创作 ： 策划、拍摄、剪辑 ： 全彩慕课版 / 王翎子主编. -- 北京 ： 人民邮电出版社, 2021.12
（新媒体·新传播·新运营系列丛书）
ISBN 978-7-115-57198-4

Ⅰ. ①短… Ⅱ. ①王… Ⅲ. ①视频制作 Ⅳ. ①TN948.4

中国版本图书馆CIP数据核字(2021)第171868号

内 容 提 要

短视频是随着媒介新技术的发展而兴起的一种媒介产品形态，它正在改变传媒业的格局。本书能帮助读者快速了解短视频行业的发展趋势，掌握短视频的策划方法，做好账号定位、设计爆款选题，在摄制过程中进行成本控制，等等。读者学习本书还能了解短视频拍摄、剪辑过程中需要的相关知识和技巧，掌握如何利用手机拍摄、剪辑出有“网感”的短视频。同时，本书还展示了大量短视频创意案例。

本书内容新颖，案例讲解透彻，图文并茂，配有精美视频，能帮助读者快速上手实操，既可作为院校传媒类专业、经管类专业相关课程的教材，也可供新媒体、短视频行业的从业者学习和参考，更可作为自媒体人开展短视频创作实践的参考用书。

◆ 主　　编　王翎子
　副 主 编　虞　勤　姚羽杰
　责任编辑　侯潇雨
　责任印制　王　郁　焦志炜
◆ 人民邮电出版社出版发行　　北京市丰台区成寿寺路 11 号
　邮编　100164　　电子邮件　315@ptpress.com.cn
　网址　https://www.ptpress.com.cn
　北京捷迅佳彩印刷有限公司印刷
◆ 开本：700×1000　1/16
　印张：12.5　　　　2021 年 12 月第 1 版
　字数：280 千字　　2021 年 12 月北京第 1 次印刷

定价：59.80 元

读者服务热线：(010)81055256　印装质量热线：(010)81055316
反盗版热线：(010)81055315
广告经营许可证：京东市监广登字 20170147 号

序言

新技术不仅重构了信息传播方式，公众的媒介使用习惯亦悄然改变。在当下的媒体平台、社交平台，短视频已成为发布新闻、呈现社会百态主要的表达方式，这不仅在倒逼传媒行业转型升级，更给人才培养模式带来了新的挑战。

当下的传媒人，应当既立足信息技术的前沿阵地，又深谙信息的传播规律，坚守行业的职业操守，这便是我们推出本书想给读者呈现的核心主旨。作为全国排名前列的传媒类院校，我们组织高校教师与行业专家共同编写本书，更强调实践操作与基础理论的融会贯通。本书引入了大量案例，将短视频创作的法则与实际应用相结合，并配合视频教程，便于读者高效学习、快速掌握知识，同时本书还展示了多款硬件、软件及其应用，以开拓读者视野，激发读者兴趣，帮助读者培养“举一反三”的能力，此外，本书还致力于阐释技术应用背后的原理。

“创作”虽无定法，但视频摄制有规范，生产流程有标准，内容发布有技巧，希望读者借助本书，了解那些藏在画面背后的底层逻辑，不仅能从技术操作的层面夯实基本功，更能建立起“编导”思维，带着专业的视角重新审视当下热门的短视频作品，最终能形成自己独特的创作风格。

此外，本书还给读者提了一些实用的小建议，很多新手在学习视频创作之初，往往沉迷于“炫技”，但真正的优质作品，并不仰仗于“技”的花哨，而是作品所呈现的内容、传达的思想、抒发的情感。本书在有限的篇幅内，尽可能在这一方面给予引导。

当然，读者要真正由“技”入“道”，还需要经过长期的学习积累，结合基础理论的学习，方能从“知晓”到达“懂得”。

李良荣

浙江传媒学院新闻与传播学院院长

复旦大学新闻学院教授

复旦大学传播与国家治理研究中心主任

前言

美国社会学家丹尼尔·贝尔认为，当前，声音和景象，尤其是后者，对观众影响深远。当代文化正在变成一种视觉文化。随着5G、人工智能等新技术的不断发展，短视频和直播不仅成为传媒行业未来新的用户增长点，更成为信息发布、品牌宣传、营销推广不可或缺的媒介工具。

短视频的碎片化、直观性、有现场感等特点，更符合受众接收信息的习惯，短视频正在改变传媒业的生态格局。短视频的策划、拍摄与制作方法已经成为新媒体行业从业者的必备技能，而随着各大短视频平台的日益火爆，众多企业开始逐渐意识到短视频在网络营销方面起到的重要作用，各行各业的宣传、营销人员也开始学习这项技能。可以这样说，谁掌握了短视频内容创作与账号运营的能力，谁就在数字化浪潮中更有话语权。

本书编写特色

本书内容新颖，难度适当，知识全面，既适合院校教学实践，也适合读者自学。本书具有以下几个特点。

- 实践教学，循序渐进：本书每章的内容安排和结构设计，都考虑了读者理论学习和动手实践的需求，条理清晰、层层深入。
- 图解教学，应用性强：本书图文并茂，不仅介绍了如何策划、拍摄与制作短视频，还展示了短视频制作流程中需要的补光设备、拾音设备等拍摄辅助器材，以全方位地解决读者在拍摄和制作中遇到的难题。
- 案例主导，学以致用：本书立足短视频创作，通过大量的案例展示和实操演示，让读者真正掌握短视频创作的方法与技巧。这些案例具有很强的参考性，可以帮助读者更好地掌握短视频的策划与制作。
- 同步微课，资源丰富：本书配套丰富的学习资源，读者可扫描封面二维码，观看视频，学习相关知识，即学即会。其他教学资源可以通过访问人邮教育社区（https://www.ryjiaoyu.com/）搜索本书书名进行下载。

本书编写组织

本书为浙江省高等教育学会2020年度高等教育研究课题“基于OBE理念的短视频人才培养模式研究”（课题编号KT2020094）的研究成果。本书是编者在多年教学实践经验的基础

前言

上，围绕高等院校短视频课程建设的实际需求编写而成的，由浙江传媒学院新闻与传播学院实训课程导师、中国（杭州）直播电商（网红经济）研究院研究员王翎子任主编，浙江传媒学院新闻与传播学院实验实训中心高级工程师虞勤、独立导演姚羽杰任副主编。

尽管我们在编写过程中力求准确、完善，但书中可能还有疏漏与不足之处，恳请广大读者批评指正，在此深表谢意！

编者

2021年10月

目录

第 1 章 认识短视频

【学习目标】

- 了解短视频对传媒行业生态格局的影响。
- 掌握短视频的定义。
- 了解短视频的发布平台和创作类型。
- 掌握短视频的团队组建。

短视频是随着媒介新技术的发展而兴起的一种媒介产品，它正在改变传媒行业的格局。短视频的碎片化、直观、具有现场感的特点，符合当下受众的信息接收习惯。在如今的传媒行业中，短视频的策划、拍摄与制作是从业人员的必备技能。

1.1 短视频的兴起

人类经历了口语传播、文字传播、印刷传播、电子传播时代，到如今进入基于移动互联网的融合媒体传播时代。当前，短视频已成为主流视频业态，并与社交媒体融合发展。短视频的兴起正在改变传媒行业的生态格局，也对未来的传媒人才提出了新的要求。

↘ 1.1.1 传媒行业的变革

传播学的三大学派之一的媒介环境学派认为，媒介新技术的诞生，对社会文化产生深远的影响。短视频从2016年起在我国呈持续爆发式增长趋势，不仅成为网络视听产业的新动能，也成为传统媒体转型发展的新阵地。

当前，抖音、快手凭借先发优势，已经占据了短视频行业较大的市场份额，而原有的互联网巨头企业也纷纷抢滩，如腾讯旗下的微视和微信视频号、百度旗下的好看视频等，短视频行业呈现出百花齐放的趋势。同时，传统广电媒体、纸质媒体，或在互联网短视频平台中开设账号、提供内容，或通过开发自有的移动应用来搭建短视频平台，或在原有的传媒产品中增加短视频这一新的传播方式。例如，在传统的报纸、杂志中，出现了供读者观看短视频的二维码（见图1-1）；电视新闻或综艺节目对知识产权（Intellectual Property，IP）内容进行二次加工，在短视频平台中，以碎片化、精简化的形式呈现（见图1-2）；一些图书也向读者提供了观看视频甚至AR的全新阅读体验。

知识拓展

IP内容只有获得授权后，创作者才可以对其进行二次改编形成新的作品。

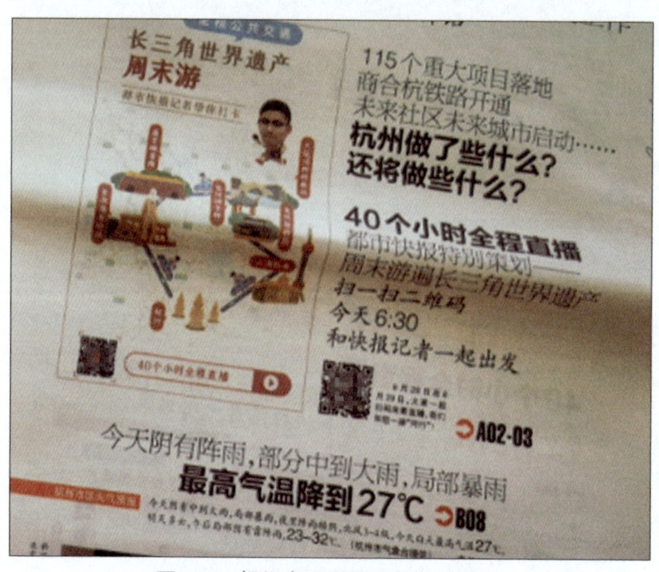
长三角世界遗产
周末游
115个重大项目落地
商合杭铁路开通
未来社区未来城市启动……
杭州做了些什么？
还将做些什么？
40个小时全程直播
都市快报特别策划——
周末游遍长三角世界遗产
扫一扫二维码
今天6:30
和快报记者一起出发
A02-03
今天阴有阵雨，部分中到大雨，局部暴雨
最高气温降到27℃ B08

图1-1 报纸中观看短视频的二维码

图1-2 电视新闻、综艺节目在短视频平台中的呈现

短视频逐渐成为媒介产品矩阵中的“标配”。而短视频的策划、拍摄与制作技能，也成了传统媒体或新兴网络媒体行业选拔应用型人才的“门槛”之一。

↘ 1.1.2 短视频的定义

网络视听产业近几年发展迅速，短视频的类型也呈现出多样化的特点。因此，目前学界与业界对短视频的定义尚难统一，目前基本达成的共识是，短视频是在移动互联网技术发展的背景下，在网络媒体中播出的、时长以秒计数的视频形式，具有传播碎片化、内容社交化、制作低成本的特点。

短视频的时长从几秒到几分钟不等。快手对短视频时长的要求是57秒，今日头条则认为240秒是短视频的主流时长，而抖音最初设置短视频时长为15秒，随后延长到60秒，腾讯微视及微信视频号均设置了60秒的短视频时长，一闪最长可上传280秒的视频，而西瓜视频则没有短视频时长的限制。目前，业内普遍将时长在300秒以内的视频称为短视频。

实战经验笔记

短视频的时长与其画面叙事能力的关系如下。

15秒以内：可对转瞬即逝的影像片段进行强调，常见内容如美妆、造型、舞蹈、唱歌等。

15～30秒：可讲完一个简单的小事件，直白地呈现事件的过程、结果。

30～60秒：可讲完一个略复杂的小事件，并解释原因；或演绎一个有剧情反转的小故事。

60～280秒：可讲完一个复杂的事件，不仅可以完整叙事，还可利用视听语言抒情、表意。

从时长上来看，5分钟以内的短视频，更适合使用手机等移动终端利用碎片化时间观看，而5分钟以上的中长视频，则更适合使用计算机、电视等大屏幕观看。

在注意力经济的背景下，短视频是“争分夺秒”的，短小精悍、简单直白是短视频策划、拍摄与制作的基本逻辑，这也要求短视频从业者具备更强的画面叙事能力。一方面，“短”是提升内容质量的要求，“浓缩才是精华”；另一方面，“短”也能够保证短视频在平台发布后的“完播率”。

知识拓展

完播率指一条短视频在平台发布后，完整地观看了一遍或数遍的用户占点击该视频的用户数量的比例。它是抖音等短视频平台基于用户行为数据进行算法推荐的考量指标之一。在抖音等短视频平台上，一条短视频在发布后，平台会根据其与用户画像的匹配程度将其推入流量池，并根据该流量池中的用户的行为表现来决定是否将其推入更大的流量池。其中，短视频的点赞率、转发率、完播率都是很重要的。

短视频根据画面的呈现形式，又可分为横视频和竖视频两类。这主要取决于短视频平台的播出风格，以及平台主要用户的收看习惯，如图1-3所示。横视频又分为16：9与4：3两种比例，其中，4：3的比例是传统电视屏幕常用的比例，而16：9的比例则是电影宽屏的比例。竖视频则是手机竖屏时代的新产物，由于智能手机的屏幕大多是9：16或10：16的比例，用于竖屏观看的短视频，大多采用的是9：16的比例。

图1-3 横视频与竖视频在手机屏幕中的呈现效果

实战经验笔记

制作横视频时，采用16：9的比例，或是在画面上下做遮幅，模仿电影宽屏的视觉效果，可以令画面具有“高级感”。

制作竖视频时，仍然可以利用横屏拍摄的画面素材进行二次加工，既可以做成双视窗或三视窗的效果，对画面的内容给予强调或进行对比；也可以留出画面上下方的位置，打上字幕，从而使短视频所含的信息量更为丰富，如图1-4所示。

图1-4 使用横屏拍摄的画面素材制作竖视频

↘ 1.1.3 短视频的发展前景

随着移动互联网技术的升级，短视频已经成为传媒产业的“标配”之一。一方面，传统媒体纷纷搭建短视频平台，以实现对流量高地的占领，“新闻联播”于2019年正式入驻抖音、快手等短视频平台，这意味着短视频平台已从最初的娱乐平台变为新的信息平台与舆论阵地；另一方面，各大互联网平台、移动应用客户端纷纷嵌入和改进短视频功能，“短视频+资讯”“短视频+政务”“短视频+电商”“短视频+文旅”等模式不断涌现，短视频账号也正在走向更加垂直化、专业化的发展道路。

而随着社交媒体平台对短视频账号的直播功能的开放，短视频的商业应用价值也进一步放大，出现了带货短视频这种新的短视频形式。带货短视频即通过短视频进行商品的展示与销售，过去主要集中在传统的电商平台上，如淘宝、京东，如今在抖音、快手、西瓜、微视等短视频平台上大量出现，被用户广泛接受，并受到短视频的强社交属性的影响，形成了社群营销的新模式。不仅“抖音爆款”成为商品热销的标签，还出现了企业向短视频平台用户提供定制化产品的销售模式。

实战经验笔记

“短视频+直播”的带货模式中，短视频与直播的区别是：直播是实时播出，转瞬即逝的；短视频是精心录制，反复播放的。如果短视频账号开通了销售功能，可将其看作一个小商场，开直播可以视作促销叫卖的商场活动，一条条短视频则相当于商家对外展示品牌形象的橱窗。因此，直播更强调网络主播的控场能力（商场促销员），而短视频更强调发布者的选题策划、拍摄与制作的能力（门店橱窗设计）。

短视频对传媒行业格局的影响是专业人才缺口。除互联网行业以外，从2019年起，传统媒体如报业集团、广电集团在招聘中也普遍设立了短视频摄制与运营的岗位。在政府指导与市场主导下，短视频从业技能培训活动更涉及政务、文旅、教育等各个行业。2020年5月，人力资源和社会保障部（后文简称“人社部”）发布公告，拟新增10个新职业，其中包括“互联网营销师”。互联网营销师的具体工作包括：搭建数字化营销场景，通过直播或短视频等形式对产品进行多平台营销推广；提升自身传播影响力，加强用户群体活跃度，促进产品从关注到购买的转化等，如图1-5所示。

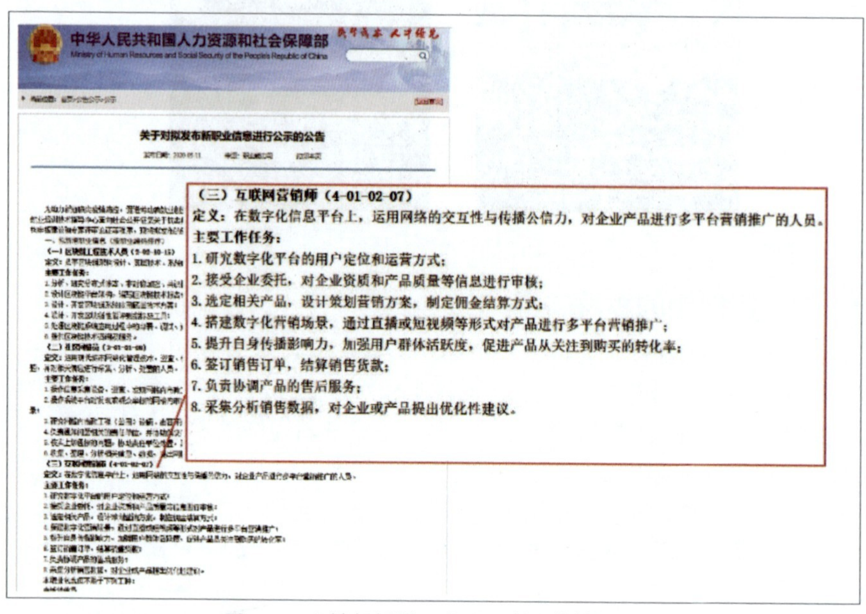
中华人民共和国人力资源和社会保障部
Ministry of Human Resources and Social Security of the People's Republic of China

关于对拟发布新职业信息进行公示的公告

（三）互联网营销师（4-01-02-07）
定义：在数字化信息平台上，运用网络的交互性与传播公信力，对企业产品进行多平台营销推广的人员。
主要工作任务：
1. 研究数字化平台的用户定位和运营方式；
2. 接受企业委托，对企业资质和产品质量等信息进行审核；
3. 选定相关产品，设计策划营销方案，制定佣金结算方式；
4. 搭建数字化营销场景，通过直播或短视频等形式对产品进行多平台营销推广；
5. 提升自身传播影响力，加强用户群体活跃度，促进产品从关注到购买的转化率；
6. 签订销售订单，结算销售货款；
7. 负责协调产品的售后服务；
8. 采集分析销售数据，对企业或产品提出优化性建议。

图1-5　人社部新增职业“互联网营销师”

1.2 短视频的发布与变现

1.2.1 短视频发布平台分类

1. 短视频社交媒体平台

短视频社交媒体平台是以短视频为主要内容呈现形式的社交化移动应用，以抖音、快手、西瓜视频、微视、一闪等为代表，如图1-6所示。

图1-6 短视频社交媒体平台

事实上，这类短视频社交媒体平台在早期并非内容传播平台，而更偏向于图片、视频的制作工具，如早期的美拍、秒拍等。其允许用户通过简易的操作，将自己手机里的照片或视频，组合成一段小视频作品，在网络社交圈中进行分享。抖音早期亦是一款主打音乐与视频特效制作的工具，但随着平台发展战略的调整，明星、名人开始入驻，用户量迅速增长，“网红”、达人不断涌现，专业的“网红”经纪公司（Multi-channel Network，MCN）机构开始介入，一些其他平台的自媒体人甚至专业媒体也转战这一新的流量风口。

知识拓展

MCN机构是将“网红”、广告主、渠道联结在一起的机构。在具体的操作上，MCN机构签约或培育大量“网红”，对其进行全方位包装，为其提供商业客户资源；对接广告主，整合各类优质内容创作者资源，为其提供商业营销方案；或对接发布的渠道平台，开展各类网络信息发布、宣传造势等营销活动。

从短视频社交媒体平台的发展历程来看，其有两个值得关注的特点。一是对用户友好、技术门槛低，视频摄制操作简便、效果丰富；二是社交化，用户在平台中的关注、点赞，均是与其他用户在线进行的“社会交往”行为。短视频社交媒体的这些特点对内容创作者的创作内容产生了直接影响，其内容更贴近日常生活，包罗万象，新奇、搞笑、夸张等风格兼容并蓄。

2. 其他社交媒体平台

与各类专业的短视频社交媒体平台相比，其他的社交媒体平台也是短视频发布的重要平台。目前在国内占主流地位的社交媒体平台是新浪微博与腾讯旗下的微信。

在其他社交媒体平台中发布短视频有两种形式：一是直接发布，即直接在社交媒体平台中发布视频；二是转发分享，即在短视频平台上发布视频后，同步分享到别的社交媒体平台中。

目前，许多社交媒体平台都嵌入了短视频模块，如图1-7所示。在微信中，除了原有的“朋友圈”功能可以分享15秒的短视频之外，还有“视频号”功能，用户可以拥有自己的视频号，分享60秒的短视频。微博的视频发布模块对视频时长没有限制，仅对上传视频的文件大小有所限制。这类社交媒体平台中的视频号，更像一个个“节目频道”。

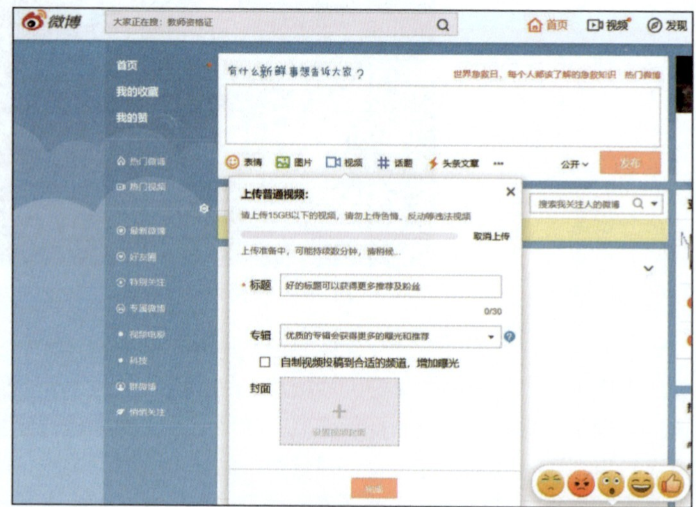

图1-7　微信、微博中的短视频模块

其他社交媒体平台对短视频平台分享功能的开放，使其也被视作短视频账号引流与营销推广的重要途径。例如，秒拍与微博的深度合作，对秒拍起到了巨大的引流作用。大量短视频平台推出了一键分享功能，可以将短视频分享到其他社交媒体平台中。当然，分享是受限的，例如腾讯主推自己的短视频社交媒体平台微视，而抖音、西瓜视频等与今日头条同属字节跳动公司，因此可以利用头条号为自己平台的账号引流。

实战经验笔记

在短视频账号运营过程中，要密切关注发布短视频的平台与其他社交媒体平台的竞争、合作关系，合理利用，避免违规。例如，头条号的粉丝可以同步到抖音账号，成为抖音账号的粉丝，这就是抖音账号获得第一批粉丝的好办法。

3. 新闻类客户端

随着短视频的发展，传统平面媒体与广电媒体的界限被打破，“融合新闻”已经成为一种新的信息发布形式。无论是新闻网站，或是移动新闻客户端，都新增或优化了短视频模块。最大的改变在于，这些平台除了发布新闻媒体的视频，也向用户开放了发布短视频的入口，例如中央广播电视总台推出的中国首个国家级5G新媒体平台央视频、浙江日报报业集团推出的天目新闻、资讯类的短视频应用梨视频等，都是专门的新闻类客户端，且鼓励用户加入创作者的队伍。由于是新闻类客户端，其上发布的短视频更强调新闻价值和真实性。

4. 在线视频平台

在线视频平台上的视频往往以中长视频为主，主流的在线视频平台包括优酷土豆、爱奇艺、腾讯视频等。在短视频兴起之前，这类在线视频平台是中长视频用户们主要聚集的平台，内容多为专业生产内容（Professional Generated Content，PGC）。虽然这类平台向用户开放了用户生产内容（User Generated Content，UGC）入口，用户可以自行上传视频，平台也推出了对“播客”的各类扶持、奖励机制，但由于技术门槛的限制，优质内容较少。在以移动端为主战场的短视频平台兴起后，这些在线视频平台仍然是不可忽视的视频发布渠道。

特别值得关注的是哔哩哔哩（bilibili），俗称B站。B站在创办早期，主要是二次元爱好者和动漫创作者聚集的小众网站，因“弹幕”功能而逐渐被用户知晓。近年来，随着网站发展战略的调整，B站开始向综艺、知识传播等综合性网站转型。由于B站有相当一部分用户是大学生，一些优质的高等教育课程在B站中广为流传，如中国政法大学教授罗翔的刑法课程等。许多优质短视频创作者也在B站中开设了账号。B站和新华网联合主办的2020年跨年晚会，成为又一起标志性事件。B站与官方媒体的正式合作、优质的节目品质以及贴近年轻用户的风格，一时引起传媒行业的轰动和用户的热议，B站也不再被视作“小众文化”的传播平台。

与短视频平台不同，B站中更多的是5分钟以上的中长视频，平台提供的创作者激励计划也使得创作者可以根据作品的播放量获得相应报酬。

一些视频的创作者，往往会根据作品的主题与内容，将其剪辑成不同版本的视频，并发布到不同的视频平台。

5. 其他垂直类平台

其他垂直类平台也开发了短视频模块，主要是利用短视频进行商业宣传推广，如集产品测评、销售为一体的小红书，用于网购的淘宝，可以查询旅游攻略的马蜂窝等。其短视频的内容主要是产品评测、试玩体验，短视频的发布目的主要是“种草”、“带货”、销售。其中，淘宝的短视频主要由淘宝卖家发布，当然这与淘宝本身的商业模式有关，而小红书、马蜂窝则鼓励用户发布原创短视频。

这一类短视频不能与过去传统的商业视频广告混为一谈。短视频的内容和风格，与传统的商业视频广告大为不同，它不以展示商品为主。事实上，在上述平台中，真人试用类的短视频非常受用户欢迎，视频的内容从以物为核心转向以人为核心。传统的商业视频广告多用明星、名人做产品代言，而在这些平台上，明星、名人被“素人”取代，短视频中的主角以更贴近买家身份的形象出现，进行产品的展示、体验。小红书、淘宝、马蜂窝3款App中的短视频页面如图1-8所示。

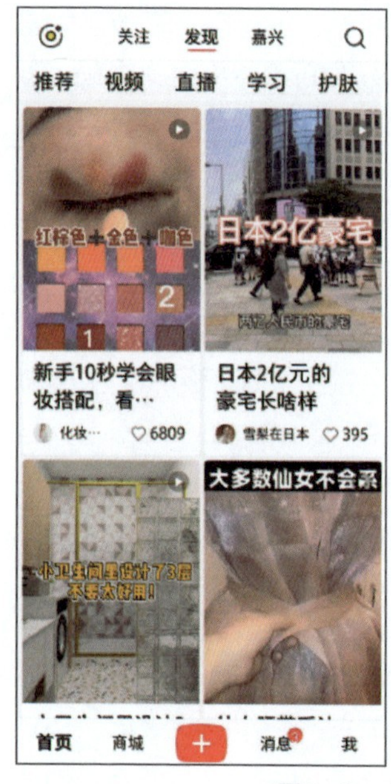

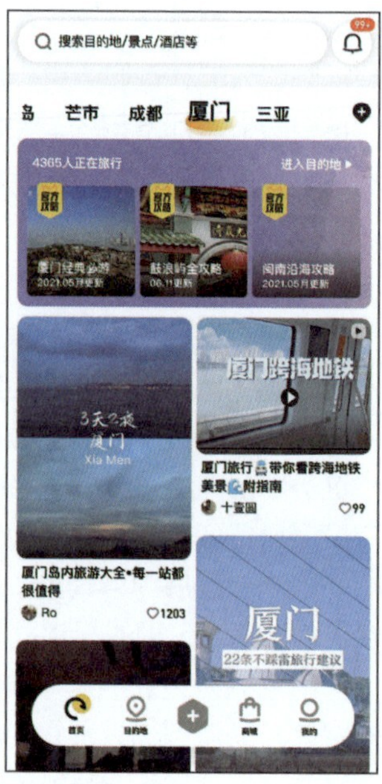

图1-8　小红书、淘宝、马蜂窝3款App中的短视频页面

↘ 1.2.2　短视频生产变现模式

目前，短视频的内容生产模式可分为UGC、PGC、PUGC 3种。

UGC由用户自行制作、自由上传，优点是门槛低，如早期的抖音、快手基本是UGC生产模式，正因如此，该模式吸引了大量用户参与，但是视频质量参差不齐。UGC短视频生产是基于用户兴趣的自发行为，用户没有报酬。

PGC是指在专业内容生产机构，如在新闻传媒、科研机构的主导下，由具有专业知识背景的行业人士生产内容，并领取相应的报酬。PGC的特点是视频内容质量高、信息量大、知识性强，但是有一定的门槛。例如，新闻资讯类的短视频大多是PGC，需要专业人士对视频内容的真实性做进一步的鉴别、核实。

专业用户生产内容（Professional User Generated Content，PUGC），其中的用户既有自媒体达人、行业领域的专家，也有一些优质的“草根”创作者，他们与专业机构（如MCN公司、网络平台）签约，经过专业机构的孵化、包装，有效地保证了视频质量，同时也借助专业机构的资源整合优势，对接商业客户，实现效益的最大化。

短视频的变现模式主要有以下4种。

（1）收视模式。平台依据视频的浏览量和点赞量，给予短视频创作者一定的报酬，如西瓜视频，其对创作者的扶持力度较大。

（2）广告模式。当视频账号累积了一定量的粉丝，在某个垂直领域做出了特色，就可以承接各种商业客户的广告了。创作者既可以与MCN机构签约，获取较多的客户资源，也可以通过短视频平台专门对接客户的平台来获取客户资源，例如字节跳动就向旗下的抖音、西瓜视频、火山视频的内容创作者提供了“巨量星途”平台（见图1-9）。

优质创作者可以入驻该平台，接受平台提供的广告订单，通过平台提交分镜头脚本、签订协议，按与客户协定的脚本制作视频，按协议获取报酬。

图1-9 “巨量星图”平台为优质创作者提供内容变现的渠道

（3）“带货”模式。短视频账号的“带货”功能使创作者可以在短视频或直播中添加并分享商品链接，从而获取销售分成。

（4）制作模式。优质的短视频创作者可以为一些有打造短视频账号需求的客户制作短视频，甚至可以为客户代运营短视频账号，从而获取相应报酬。

举个例子

在抖音短视频账号的运营过程中，“带货”模式分为两种，创作者可以选择仅开通商品分享权限，也可以申请开通属于自己的小店，如图1-10所示。第一种“商品分享权限”模式，适合以分享商品为主的创作者，创作者的账号将拥有个人主页商品橱窗功能，能够在视频或直播间中添加并分享商品，但不需要创作者自己备货、发货，而是由与短视频平台合作的第三方销售平台供货。每款商品销售的定价、佣金等会被直接列出来，短视频创作者可以选择符合自己账号属性与视频风格的商品。另一种“开通小店”模式，适合有电商背景的创作者，使用此模式需要提交相关证件。创作者完成小店的入驻流程后，短视频账号与小店账号绑定，创作者能够在视频或直播间中添加自己小店的商品。

（a）开通商品分享权限

（b）开通小店

图1–10　抖音短视频账号的带货方式

1.3　短视频的创作类型

依据不同的分类标准，短视频可分为不同的类型，例如：以创作内容来分类，短视频可分为美食、美妆、萌宠、旅游、才艺等类型；依据创作形式来分类，短视频可分为演讲聊天、情景剧、短资讯等类型。本节主要根据短视频创作的传播目的，将短视频分为个人Vlog类、商业广告类、新闻资讯类、政务宣传类四大类别。

↘ 1.3.1　个人Vlog类

Vlog是Video Log的简称，起源于Blog，可以把它理解为视频版的博客。

从网络日志的形式变迁来看，其大致经历了博客、微博、Vlog 3个阶段。2000年前后，博客在中国盛行，博主被称为Blogger，拥有自己的个人网络主页，用博文，即长篇的文字和图片来记录工作、生活，并自己设计版式、分类栏目等，类似于网络日记。微博即MicroBlog，起源于美国的Twitter。自2009年起，这种精简版博客在中国开始流行。2011年起，用户又逐渐转向更私密化的微信朋友圈，以最多9张图片配上简短文字的形式进行个人生活状态的分享。而随着流媒体技术的发展和移动互联网的升级，Vlog成为新的潮流。

Vlog源于YouTube的UGC形式，与博客相比，它用影像取代了文字与画面，以视频的形式记录与分享个人生活。2018年，小影、抖音、秒拍、微视等一系列短视频平台都推出了Vlog战略，使拍摄、剪辑Vlog的技术门槛更低。在头部创作者的带动下，普通公众也开始拍摄自己的Vlog。

举个例子

李子柒的原创美食Vlog最早从国内短视频平台起步，通过YouTube传播后具备了国际影响力。2020年，农业农村部宣布，李子柒与袁隆平等人被聘为“中国农民丰收节推广大使”，“网红”与科学家齐名，引起公众热议。

李子柒的美食Vlog带有浓厚的个人特色，如图1-11所示。这个身居四川农村的女孩，以古朴、田园的风格，展示中国传统美食的制作过程，其特别之处在于：美食食材全部由她亲手耕种、收获，一条短视频常常从春种一直记录到秋收、冬藏，时间跨度大，拍摄制作精良。而她与年迈的奶奶的日常，也成为贯穿短视频的一条情感线，成为网友的另一共鸣点。

图1-11　李子柒美食Vlog

从内容上看，个人Vlog分享的话题五花八门，但是与记流水账式的“我的一天”相比，垂直化的个人Vlog内容，例如健身分享、美食分享、美妆分享、达人秀等更受用户青睐，也是最易实现商业变现的方式之一。从功能上看，早期的个人Vlog主要是个人日志的影像分享，但随着短视频产业的发展，MCN机构与“网红”展开合作，短视频平台为优质创作者搭建了直接对接商业广告客户的平台，Vlog形式的商业广告开始兴起。而随着这两年传统新闻媒体入驻短视频行业，传媒人士发布Vlog也正在成为一种新的新闻资讯传播形态。

↘ 1.3.2　商业广告类

商业广告（Television Commercial，TVC）与短视频早有渊源。传统的商业广告时长通常为5秒、10秒、15秒、60秒等，由专业的广告公司策划、执行和投放，摄制和投放成本都较高。而商业广告类短视频，与传统商业广告相比，最大的差异在于，商业广告类短视频的成本低，主要演员从明星转向“网红”甚至“素人”，主要内容从展示产品特征转向展示用户体验，整体风格更“接地气”，同时还具有“搞笑”、埋“梗”等元素，能与观众形成互动。

传统的企业宣传片以中长视频为主，时长通常为5～15分钟，由专业的广告公司、影视文化公司策划、执行。2010年，随着微电影的兴起，微电影类的商业广告和企业宣传片也开始流行，而微电影也被视作短视频的前身。无论是中长视频还是微电影，都有较高的技术门槛，主要由专业的影视摄制团队来策划与执行。而如今，用于企业宣传的短视频呈现出低成本、小制作的特点，表现形式也更加丰富，既有企业员工本色出演的情景剧，也有企业负责人的演讲语录、Vlog记录等，更加日常化、人格化、“接地气”。

举个例子

阿里巴巴的官方抖音账号，除了发布马云的讲话视频、日常工作小片段，也会发布一些员工的日常工作视频，如图1-12所示。其中，马云在阿里巴巴公司年会上一身朋克造型，梳着脏辫演唱摇滚歌曲的短视频就广受好评。“同学你好”是阿里巴巴的一条招聘广告视频。该视频没有表达宏大的企业愿景，也没有企业形象代言人，而是由几位阿里巴巴的员工出演，重现他们当年求职面试的情境，到入职几年后他们梦想的实现，以更“接地气”的方式传递加入阿里巴巴创造社会价值和实现个人价值相统一的理念。近几年，阿里巴巴的商业广告，都以非常接近互联网用户心理的方式来呈现。

图1-12　阿里巴巴的短视频账号

1.3.3　新闻资讯类

随着传统广电集团、报业集团或新闻通讯社陆续入驻短视频平台，大量由专业新闻采编团队采制、发布的新闻资讯类短视频在抖音、快手等各类短视频平台中发布，丰富了短视频的内容，如图1-13所示。这类短视频账号凭借传统媒体的品牌优势、资源优势和技术优势，以权威发布、严谨务实的视频风格吸引了大批用户，在去中心化的新媒体传播平台上，仍然发挥了传统媒体的媒介责任。

图1–13　传统新闻媒体入驻短视频平台

还有相当一部分的新闻资讯类短视频是来自用户的“报料”。传统新闻媒体开始利用社交媒体的互动性，通过支付酬金、举办赛事等多种形式，鼓励用户成为短视频平台中的“拍客”。短视频的内容既有用户偶遇的突发新闻，也有用户身边发生的“喜闻乐见”的趣事。这类短视频平台对用户“报料”视频的拍摄水平要求不高，但通常会对视频的真实性进行严格的审核。

举个例子

梨视频由东方早报前社长、澎湃新闻前CEO邱兵及几位主编创办，是一个专注于传播新闻资讯类短视频的平台，其口号是“全球拍客，共同创造”。梨视频向其所有用户征集“报料”，视频素材经过审核剪辑后，就可以根据播放量获取奖励。视频的时长为30秒至3分钟。

隶属于中央广播电视总台的央视频、隶属于浙江日报报业集团的天目新闻资讯类短视频平台，如图1–14所示，均有类似的“拍客计划”，鼓励用户自主制作内容。

图1–14　新闻资讯类短视频平台

总体来看，网络传播的新闻资讯类短视频，与传统电视短消息存在着较大差异，最大的不同在于网络传播的即时性与碎片化。短视频往往是对新闻采访中获取的视频素材，结合新媒体的特点进行加工、编辑，选取其中最精彩的片段进行强调。这些用于网络传播的短视频，已经不再强调新闻6要素（时间、地点、人物，事件的起因、经过、结果）俱全，往往仅有时间、地点、人物、事件4要素，也有连续推送多条短视频来完整传达一个新闻事件的形式。网络传播的新闻资讯类短视频与传统电视短消息相比，形式更为灵活多样，除了画面加解说词等传统报道形式外，也有记者个人Vlog，或者网友见闻、说唱、动画、虚拟主播讲新闻等形式。总体来看，网络传播的新闻资讯类短视频呈现出个性化、人格化的特点。表1-1展示了传统电视短消息与网络传播的新闻资讯短视频的差异。

表1-1　传统电视短消息与网络传播的新闻资讯短视频的差异

类型	内容特征	推送频率	生产来源	形式特点
传统电视短消息	6要素俱全	在新闻时段推送	新闻机构	客观报道，形式较单一
网络传播的新闻资讯短视频	4要素	网络即时推送、碎片化	新闻机构、公民新闻	个性化表达，形式较多样

思考题

传统电视短消息与网络传播的新闻资讯类短视频还有哪些不同？请你做一则案例分析，比较传统电视短消息与网络传播的新闻资讯类短视频，对同一个新闻事件的呈现方式有哪些差异。

1.3.4　政务宣传类

由于短视频产业的迅速崛起，短视频已经成为继微博、微信之后最流行的新媒体应用，政府相关部门的宣传平台，也从微博、微信公众号扩大至各类短视频平台，政务宣传类短视频也成为一个热门的视频类型。其中，公安、消防、交警、文化旅游、地方政务这几个大类短视频深受用户青睐，而警务工作、突发救援类的“正能量”视频，安全警示、案例普法类的实用性视频，或是旅游特色展示、地方政务发布类的信息视频等，常常成为流量“爆款”。

一些政务宣传类短视频在网络上赢得巨大流量的原因，首先是其内容上的权威性和“正能量”，契合了广大用户的价值观，其次是其形式上的“接地气”，颠覆了公众对政府相关部门的“刻板印象”。

举个例子

政务相关部门的短视频账号中，有以搞笑小剧场形式进行宣传教育科普的，如四平市公安局官方抖音号“四平警事”、深圳市公安局交通警察局的官方抖音号“深圳交警”等；也有以真实瞬间打动观众的，如中国人民解放军新闻传播中心的“中国军网”等；还有实时传播要闻资讯的，如“外交部发言人办公室”等。“江西消防”发布的一系列消防宣传短视频，以古装剧的形式，搞笑、夸张的风格，讲解消防栓的使用方法，一度成为网络上的热点话题。

1.4 短视频的团队组建

1.4.1 短视频的创作流程

短视频的创作流程可分为两个核心部分：短视频摄制、短视频运营。

短视频摄制工作可归纳为3个阶段，一是前期创意阶段，二是中期拍摄阶段，三是后期制作阶段。

（1）前期创意阶段，主要工作内容是短视频文案的策划。首先提出创意，随后将创意落实为文字版的策划文案，再细化为分镜头脚本，完成从文字符号到视听语言的转变，随后根据脚本内容进行拍摄准备，包括场地、道具、服装、拍摄设备等的准备。

（2）中期拍摄阶段，主要工作内容是按策划文案进行短视频的拍摄。

（3）后期制作阶段，主要工作内容是按策划文案将拍摄好的素材导入剪辑软件进行粗剪、精剪、作品包装，输出成片。

短视频运营工作与短视频摄制工作是相辅相成的，如图1-15所示。短视频运营的具体工作包括平台管理、数据管理、用户管理。

图1-15 短视频的创作流程

（1）平台管理，即对接、参与各个平台的热点活动，结合平台的特点，对短视频进行包装、分发、推广。

（2）数据管理，即关注后台的用户行为数据，分析短视频作品在各平台的播放量、转发量、点赞量；以数据为导向，进行总结分析，分析单条短视频作品的创意、摄制手法，判断短视频是否实现了预期的传播效果、是否受到用户的喜爱；并及时向摄制团队反馈数据结果，以指导今后的短视频创作工作。

（3）用户管理，即在各平台对用户的反馈进行及时响应、与用户互动，建立并维护用户社群，策划用户线上甚至线下活动，增强用户黏性，将公域流量转化为私域流量，实现流量转化。

实战经验笔记

在传统的影视行业中，宣发推广团队与摄制团队是相对独立的，但在基于移动网络的短视频社交媒体中，短视频摄制团队与运营团队几乎是合二为一的。在符合短视频账号定位的前提下，短视频创作的“数据导向”是至关重要的，用户行为数据的反馈，往往能帮助短视频的运作团队更好地挖掘自身在内容创作中的特色与优势。

1.4.2 短视频团队分工

从短视频创作的全流程来看，创作过程涉及很多工作，如果搭建一支传统的影视摄制团队，这将是一支庞大的团队，包括导演、编剧、制片人、摄像师、服装师、化妆师、道具师、灯光师、录音师、场记、剪辑师、音效师等。然而，由于短视频具有网络传播的特点，它要求团队低成本运作、快节奏生产。因此，短视频团队是高度精简的，团队中的成员往往身兼数职，这就要求短视频团队的成员一专多能。表1-2展示了传统影视团队与短视频团队的工种比较。

表1-2 传统影视团队与短视频团队的工种比较

流程		具体工作	传统影视团队的工种	短视频团队的工种
短视频摄制	前期创意阶段	文案策划、拍摄准备	导演、制片人、编剧、摄像师、服装师、化妆师、道具师等	编导、摄像
	中期拍摄阶段	拍摄	导演、制片人、演员、摄像师、场记、灯光师、录音师、化妆师、道具师等	编导、摄像、演员或主播
	后期制作阶段	粗剪、精剪	导演、编剧、剪辑师、音效师等	编导、剪辑师
短视频运营	市场推广阶段	宣发、运营	发行人等	运营人员

具体来看，短视频团队中通常需要配备编导、摄像、出镜的演员或主播、剪辑师、运营人员，部分短视频团队不需要演员或主播，例如对已有的影视作品、新闻资讯进行二次剪辑、包装的，或者动画创意类的短视频团队，而一些剧情类、才艺类、产品类的短视频团队，则对演员或主播的要求较高。

编导在前期创意阶段负责文案策划工作，协助进行拍摄准备，即负责导演、制片人、编剧这些工种的全部工作；在中期拍摄阶段，协助摄像师完成拍摄；在后期制作阶段，往往会参与剪辑工作，以确保文案执行到位。

摄像师除了完成拍摄工作之外，一切与拍摄相关的工作都要负责，如灯光、场地、服装、道具等。

演员或主播除了按文案进行拍摄外，通常还需要自己完成化妆、服装准备等工作。

剪辑师要与运营人员合作，根据不同的视频分发平台的特点，进行视频的剪辑与包装，具体包括画面粗剪、精剪、音乐音效设计、封面结尾包装设计等工作。

运营人员还需要承担用户管理、数据管理、平台管理等工作，将数据结果及时向摄制团队反馈。

而在实际运作中，往往仅需3～5名成员，就能组成一支短视频团队，有的编导自己就是主播或演员，甚至是自拍自演。有的摄像师同时承担了剪辑的工作，自己拍摄的镜头由自己完成剪辑，能更好地组织画面。有的编导兼任运营工作，这样能更好地以数据指导内容创作。

而一支相对成熟的短视频团队，往往承担了不止一个账号的运营工作，而是会建立短视频矩阵，同时运作多个账号，在全网形成品牌影响力。

而在短视频团队的工作考核方面，关键绩效指标（Key Performance Indicator，KPI）往往既包括短视频拍摄的质量与数量，又包括浏览量、点赞量、转发量，甚至账号的粉丝增长数量。

实战经验笔记

KPI即用可量化的工作业绩标准对员工的工作进行评价。考核结果往往与酬劳挂钩，以激励员工完成既定的工作目标。虽然短视频由多个成员分工合作完成，但策划和运营通常是决定短视频浏览量、点赞量、转发量和粉丝增长数量的两个决定性环节。因此，在短视频团队中，编导岗位的KPI往往会将这些运营数据纳入其中，这也是让编导兼任运营工作的原因。

课后练习题

1. 短视频的兴起给传媒行业带来了怎样的影响？在媒介融合时代，进入传媒行业需要具备哪些技能？
2. 当下主流的短视频创作平台和短视频创作类型有哪些？
3. 如何优化短视频团队的工作流程，提升短视频创作工作的效率？

第 2 章 短视频的策划

【学习目标】

- 了解并掌握如何进行短视频的账号定位。
- 学习短视频的选题策划技巧，明确要“做什么”和“怎么做”。
- 掌握撰写短视频策划方案的3种模板。
- 学习如何在短视频前期策划中进行成本控制。

短视频创作者在开始拍摄、制作短视频之前，要对短视频账号进行整体的设计规划，并且对每一条短视频的摄制内容进行具体的策划，以保证单个短视频的内容、风格与账号的定位统一。本章主要介绍了短视频创作中如何进行账号定位、策划选题、制订策划方案，并讲解了在前期策划中控制短视频成本的方法。

2.1 短视频的账号定位

如果做短视频仅是为了发朋友圈、自娱自乐，则无须大费周章地“策划”。因为这样的短视频账号，虽然也有在无意之中成为“爆款”视频账号的概率，但往往用户黏性不强、商业价值较低、可持续性不强。如果创作者是相对稳定地经营一个短视频账号，有明确的传播目的，有实现商业变现的远景目标，采取的是PGC或PUGC的内容生产模式，则需要早做规划，以少走弯路。

短视频的账号定位是为使短视频账号能够可持续地输出优质内容、实现预定发展目标而做的前瞻性规划。进行短视频的账号定位时，需要“有的放矢”。短视频的传播目的决定了传播内容。此外，传播对象、传播渠道都需要纳入考量的范畴。通俗地说，短视频的账号定位就是确定“为什么”做短视频，从而确定“做什么”和“怎么做”。

（1）为什么

确定“为什么”做短视频，是指明确短视频的传播目的、账号发展目标。在开始短视频创作之前，创作者需要思考的是，通过建立这个短视频账号，最终要达到什么样的目的，是做信息传递、品牌维护，还是实现商业变现。

（2）做什么

确定“做什么”，则要求创作者明确短视频所属的领域类目、目标受众，即做哪些内容、做给谁看，确保所创作的内容能够满足目标受众的需求。

（3）怎么做

确定“怎么做”，指进一步做好内容风格定位、IP形象定位，即明确具体怎么操作才能保证持续输出优质内容，才能保证与其他短视频账号相比，该账号具有吸引用户的独特性。在短视频创作过程中，明确创作的选题方向、视频画质等各种标准，制订可执行的操作流程；确保“做什么”的定位在每条短视频中都得以精准执行，并促使账号内容形成鲜明的标志性风格，从而在受众群体中获得关注度、提高转化度。

短视频的创作者可以通过分析账号传播目的、选择账号赛道、打造账号核心IP这3个步骤做好账号定位。

2.1.1 短视频账号传播目的分析

创作者首先需要明确短视频的传播目的，结合自身的内容生产优势，设计账号矩阵。

1. 传播目的分析

从目前的短视频行业发展情况来看，短视频的传播目的可以划分为以宣传服务为目的和以商业变现为目的两个大方向。虽然创作者可以做到二者兼顾，但通常会以其中一个为主要目的。

具体来说，以宣传服务为目的的短视频账号，常见的有政务形象宣传、新闻信息传播、品牌形象塑造、企业增值服务等类型。例如，文化、旅游、公安、交通等政务部门开设的短视频号，专业新闻媒体的新闻类短视频号，企业文化展示类的短视频号等。

以商业变现为目的的短视频账号则相对多样。既有传媒行业开设的各种垂直类的短视频账号，通过流量实现变现；也有以企业为主体开设的短视频账号，通过内容输出吸引用户，以植入式的产品广告或直播带货来实现变现；还有以个人形象出现的“网红”账号，有的与公司或MCN机构签约，通过公司化运作实现商业变现，有的则是由个人运营，通过平台或其他渠道承接产品广告，或通过流量变现。

2. 账号矩阵设计

账号矩阵设计是指在PGC或PUGC的生产模式中，创作者往往会围绕传播目的，运营相应的账号，形成账号矩阵，结合不同账号的内容生产和传播的优势，打造品牌。

例如，一家地方新闻媒体布局短视频账号矩阵，根据不同的传播目的一般其短视频账号矩阵内账号分为资讯号、服务号、营销号等。

其中，资讯号以战略布局为方向，无须考虑营收，而是致力于提升政务部门的公信力和城市影响力，类似于传统新闻媒体中的“新闻类节目”，此类账号为了确保客观公正，需要避免商业化。

服务号提供的既可以是政务服务，也可以是生活服务，类似于传统电视媒体中的“文化频道”“生活频道”，如健康号以宣传医疗卫生系统为目的，旅游号负责本地文旅产业的推广，三农号（见图2-1）负责助力本地农业经济发展等，这类账号主要通过流量变现。

图2-1　山东广播电视台的三农号

营销号类似于传统电视媒体中的“软广”，如美食号专注于餐饮推荐，游玩号专注于酒店推荐，汽车号专注于车辆推荐。这类账号往往具有很强的变现能力。

2.1.2　短视频账号赛道选择

在新媒体行业，赛道是一个常被提及的概念，可以理解为内容产业中的垂直行业领域。进行短视频的账号定位时，无论短视频账号是以商业变现为目的，还是以宣传服务为目的，都需要精准匹配赛道，即进入一个垂直细分领域，专注于某一领域，而不是做成一个内容广而杂的账号。如果传播目的不明确、目标受众不清晰，短视频的价值也不能体现。

选择赛道，不仅要“我想做、我能做”，更重要的是“别人想看”。一方面，创作者需要结合传播目的与自身内容创作的优势；另一方面，还需要关注所要发布的短视频平台的特点，了解平台用户画像，从而寻找最佳赛道，锁定目标用户。

短视频创作者可以通过以下两个步骤来匹配赛道。

1. 分析平台特点

第1章列举了不同的短视频平台，显然，不同平台的发展方向、内容风格大相径庭，主推的赛道、聚集的用户群体也各不相同，创作者需要逐一进行调研分析，了解平台、理解用户。

创作者在对短视频发布平台特点和用户画像做分析时，可以借鉴传播学的研究方法，除了对每个平台进行具体观察，形成感性认识外，也可以利用数据网站和各商业机构、研究机构发布的行业数据报告，帮助自己建立理性认识。

常用的短视频数据分析网站如下。

- 新榜：旗下有新抖、新快、新视、新站等网站，可分别对抖音、快手、微信视频号、B站等短视频平台各垂直领域的数据及账号进行分析，如图2-2所示。

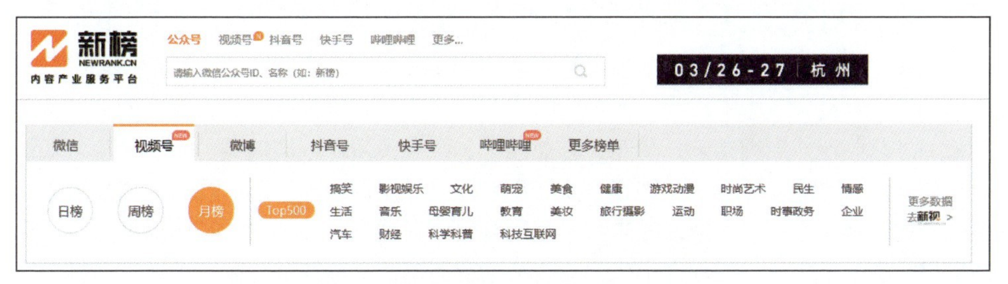

图2-2　常用的数据分析网站——新榜

- 短鱼儿：可分析抖音、快手等短视频平台各垂直领域及具体账号的数据。
- 卡思数据：可分析抖音、快手、B站等短视频平台各垂直领域及账号的数据。
- 飞瓜数据：包括飞瓜抖数、飞瓜快数、飞瓜B站，可以分析抖音、快手、B站等短视频平台及具体账号的数据。

用好这些数据分析网站，创作者可以快速了解平台发展特征、各平台头部账号特征和活跃用户的用户画像，做好账号定位。

2. 选准赛道类别

找准赛道，即找准账号的行业垂直领域，锁定自己的目标用户。创作者应当做到“一号一定位”“一号一赛道”。

具体的做法是，创作者可以通过观察不同赛道下各种类型的热门短视频创作者或关注创作内容的排行榜，快速找出每个赛道的头部账号，并分析这些头部账号的特征。由于短视频平台多是基于算法推荐的，头部账号的风格特点基本能代表这一赛道中多数用户的偏好。创作者还可以结合数据分析网站，找到这些头部账号更详细的用户行为数据，从而更深入地理解用户需求，调整自己的账号定位。

以在抖音开设一个以商业变现为目的的短视频账号为例。图2-3所示为抖音官方服务平台“巨量星图”列出的各类热门赛道，该平台可为创作者、商家、企业以及MCN机构提供一个商业对接的桥梁。通过关注该平台提供的数据，创作者能够了解用户、商家青睐的热门赛道及头部账号，从而能够相应地与商业市场对接，快速找准自己账号的赛道。

图2-3 抖音“巨量星图”平台中的热门赛道

实训题

抖音和微信视频号这两个短视频平台有什么不同？请你对这两个平台中的政务服务类或生活服务类短视频头部账号进行梳理，并利用数据分析网站，尝试做出一份调研分析报告，为自己的短视频账号定位和选题策划打下基础。

创作者在选择赛道时，建议参考现有赛道中头部账号的变现模式，提前规划好自己账号的变现路径。其中，以商业变现为主要目的的账号，当前的热门赛道主要有美食、美妆、才艺展示、影视综艺、萌宠、农业园艺、财经投资、剧情搞笑、生活分享、知识科普、游戏、产品测评等。这些账号的变现，既可以是通过吸引用户观看，增加流量来实现流量变现，也可以是通过在内容中呈现商品，在视频中添加“视频同款商品”的销售链接，实现“带货”变现。不少企业也会为已有的商品设计短视频来进行宣传推广，或通过视频平台、MCN机构或直接联系创作者，让制作技术成熟、拥有较大流量的创作者为其“量身订制”短视频并代为发布。

在以宣传服务为目的的短视频账号中，有一部分是为企业做品牌宣传推广的账号，它与其本身具有的商业变现的目的并无直接冲突，创作形式也丰富多样，同样可实现变现。还有一些面向公众、服务性强的账号，如医疗卫生、文化旅游、三农服务类账号，也有很强的变现潜力。

相比之下，对于部分政务宣传短视频账号，其表达的主题限制了其表达的形式。它们的主题主要是以资讯播报、主播“达人”推荐、知识分享、工作日常分享等形式来呈现。同时，为了保持客观公正，它们需要避免商业化运作。这类头部账号可能实现流量变现，但直接进行内容变现是不合适的。

2.1.3 账号核心IP打造

在短视频平台中要打造IP，这可以理解为创作者要通过持续、稳定地输出优质内容，形成一个文化品牌。持续、稳定地输出优质内容，保持统一的风格定位，是赢得稳定用户、形成粉丝群体、增强账号黏性的基础。因此，创作者在短视频创作之初就需要建立打造IP的概念。

1. 确定账号IP类型

在确定了短视频账号的传播目的和账号赛道之后，创作者可以围绕一个IP来创作内容、设计表现形式，也可以围绕一类固定的内容与形式来打造一个IP。这个IP可以是商品IP，也可以是区域IP，而最常见的是“人设”IP。

（1）商品IP

创作者可以围绕某一行业、某类商品打造商品IP，商品IP可大可小，可以涵盖一个行业，如农业短视频账号、动漫文化短视频账号，也可以是一类产品，如混动汽车的短视频账号、图书的短视频账号，还可以是固定的某一种产品，如专门呈现某一种卡通玩具的短视频账号。商品IP的呈现方式也可以多种多样，如真人口播、小剧场演绎，甚至展示一种食品的花式吃法、一种产品的花式用法、一款游戏的花式玩法等。

例如，创作者可以打造一个专门介绍图书的短视频账号，如图2-4（a）所示，也可以进一步将其细化为多个垂直账号，如职场图书短视频账号，如图2-4（b）所示。通过这样的账号细分，内容能更精准地面向目标受众。

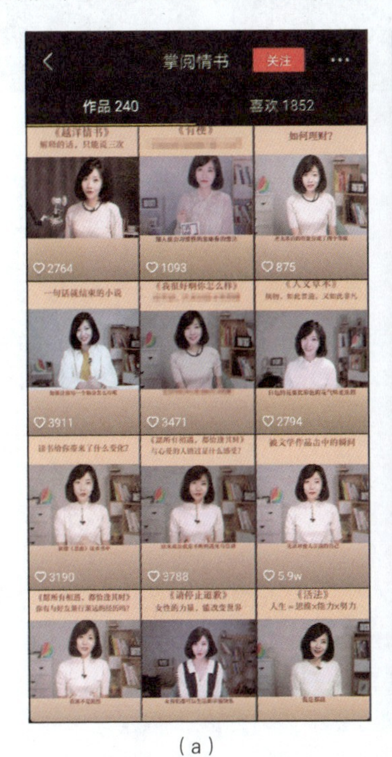

（a）

（b）

图2-4　商品IP账号——垂直细分的图书类短视频账号

（2）区域IP

除了按行业领域细分，创作者也可以将内容按城市、地域划分，作为账号的垂直领域打造区域IP，只要是该区域中发生的新、奇、趣的事，都可以纳入其中。

例如，杭州日报报业集团都市快报社的“杭州有意思”抖音短视频账号（见图2-5），打造的是“城市生活号”，其短视频内容除了衣食住行，还包含杭州的经济、文化、科技等诸多方面。而这样的城市、区域生活类账号，也具有很强的变现能力。

图2-5　常见的区域IP账号——“杭州有意思”

实战经验笔记

虽然这类区域IP账号划出了短视频内容的地域范围，但并不是发生在该地域范围内的所有事件都可以放入该短视频账号中。在做短视频内容的风格定位时，需要符合已经设定好的传播目标和赛道。

因此，如果打造区域IP的目的是通过“新奇趣”“有意思”的城市生活的分享形成城市文化旅游品牌，同时实现商业变现，那么，该账号中所发布的内容，就应当符合“品质生活”的垂直定位，而突发的交通事故等新闻事件，显然不适合在该账号中发布。

（3）人设IP

人设指人物设定，在设计、绘画中常被提及。在短视频平台中，这个词被用于描述短视频账号所打造的人物形象方面的设定。

打造人设IP，是指短视频创作者围绕一个核心人物进行短视频的账号定位设计。人设既可以是“大咖”人设、明星人设，也可以是聚焦某个领域的“达人”人设，如图2-6所示。

“大咖”人设自带流量，例如作家、学者易中天，作家、编剧马未都等，在短视频平台都吸引了大量粉丝。短视频创作者也可以自行寻找和发现文化、教育、艺术界有潜力的人物，通过内容策划和人物形象设计，为其建立起“大咖”人设。这类人设的优势是可谈的内容包罗万象，但难点在于门槛较高，被拍摄的对象需要有极多的知识储备、较高的文化修养或表演天赋。

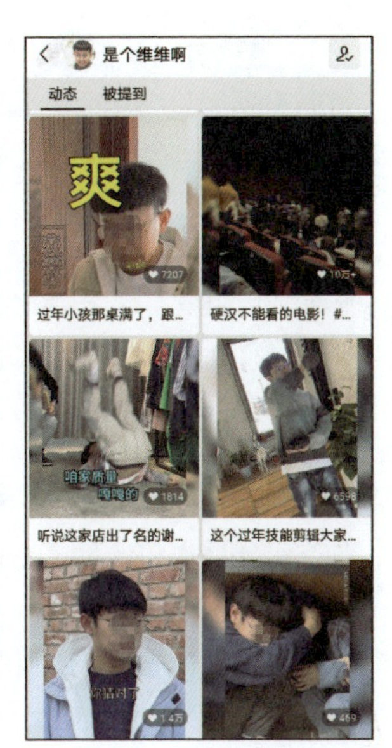

图2-6　人设IP类账号

明星人设往往所带流量较多，这是由于影视明星、歌手艺人等，擅长在镜头前呈现自我，更易迎合短视频平台用户的喜好，往往是短视频平台积极邀请入驻的对象。明星艺人发布的短视频能很好地与其即将上映或正在上映的电影、电视、网剧作品结合，形成与观众的互动，从而实现“小屏”与“大屏”的联动。明星人设的优势在于“带货”能力强，但难点在于这类艺人资源往往是创作者可遇不可求的。

而短视频平台中更为常见的人设类型，是各种类型的“达人”。正如抖音的宣传语“记录美好生活”，快手的宣传语“看见每一种生活”，短视频平台给予了普通人展示自我的空间。他们来自各行各业，通过在镜头前展示其在某一领域的才艺、特长，或以独特的人设定位吸引了众多粉丝，成为“网红”。打造“达人”人设的门槛相对较低，短视频创作者可以结合自身优势或利用相关资源，发现普通人的特别之处，量身定制地打造“达人”人设。但难点在于，这类短视频的表达内容与表现形式相对较为局限，往往是由“达人”的个人形象气质或才艺特长决定的，短视频创作者可以根据账号未来的发展方向，选择合适的形象打造“达人”人设。

在为账号设计人设时，除了考虑被拍摄者个人的形象气质特点外，创作者还可以根据账号主要面向的用户市场，打造有地域特色的人设，如使用地方方言、穿着民族服饰等，提高人设的辨识度，使账号更“接地气”。

2. 明确账号风格定位

鲜明的标志性风格是决定短视频账号能否“引爆”的决定性因素之一，而“风格多变”则是账号定位的“大忌”。短视频创作者需要结合账号特点和资源优势，提前设计账号风格定位，并根据投放后的用户反馈不断进行调整，以确保短视频是迎合目标用户偏好、符合市场需求的。

具体来说，在设计构思短视频账号的整体风格时，创作者要做以下工作。

（1）赛道竞品分析

赛道竞品就是在相同的赛道下，与自有账号形成竞争关系的其他账号。创作者应当对自己的账号与竞品账号进行同质化与差异化的分析，找准自己账号的发力点。

（2）用户行为分析

在短视频平台中，用户通过“点赞”“关注”“评论”等行为来表达对每条短视频的态度。因此，用户行为数据是帮助短视频创作者发现和发掘自身风格的最有用的数据之一。创作者可以通过单条短视频投放后的点赞量、转发量等后台数据，了解目标用户的行为偏好。但这不意味着创作者要一味迎合用户喜好，要分清幽默感与恶趣味的区别，不要拿低俗当搞笑。

（3）自我优势分析

创作者需要通过定期“复盘”，不断总结，发现人无我有、人有我优的资源优势，最终形成自己独特的账号风格。

而创作者在形成某类风格并获得用户的认可后，无论是节目形式、拍摄手法、出镜方式，还是台词风格、剪辑特效等，都需要保持相对稳定。只有持续进行内容输出，才能提升用户黏性。

实训题

请运用以上步骤，为自己的短视频账号做账号定位。

2.2 “爆款”短视频的选题策划

选题策划是内容生产的核心环节之一，新闻业的记者、编辑要做新闻选题策划，图书、期刊的编辑要做书刊选题策划，企业投放广告要做广告策划，同样，短视频创作者也需要做选题策划。而策划出“爆款”短视频，则是短视频创作者的目标，它代表着平台的认可、用户的认同，意味着短视频实现了精准传播，也是账号商业变现的前提。

虽然有不少“爆款”短视频是在无意间打造的，但从总体来看，有准确定位的账号与精心策划的选题，才更容易做出“爆款”。专业的短视频创作团队多以选题策划会的方式精选选题。具体做法是，团队成员提出若干个想要拍摄的选题并进行商讨，论证每个选题的经济价值、社会价值和可行性，最终精选出一批最有希望成为“爆款”的优质选题，并形成书面的策划文案。

而要打造“爆款”短视频，选题要做到的是迎合平台算法、迎合用户需求。

2.2.1 选题迎合平台算法

用户在各类短视频平台中观看短视频时，除了看自己关注的账号发布的短视频，更多的是看平台推荐的视频。以抖音、快手、微信视频号为代表的短视频平台，均采用了算法推荐机制，即基于用户行为的后台数据，利用算法推测出用户的喜好，平台基于这些算法，主动地将用户可能会喜爱的短视频推荐给用户。

因此，短视频创作者只有主动迎合平台算法，策划优质选题，才能让自己的视频内容被平台优先推荐，并准确地分发到到喜爱相同或相似类型的短视频内容的垂直用户面前。

具体来说，短视频创作者在进行选题策划时，要做到两个“紧扣”。

1. 选题紧扣账号定位

只有选题与账号定位相匹配的短视频，才是有价值的“爆款”。

例如，如果短视频账号是一个以影视分享、美食、美妆为主的短视频账号，它的账号名称、账号说明、创作者设定的账号兴趣方向，都建议加上“影视达人”“美食达人”“美妆博主”等文字描述，每条视频也要围绕上述账号定位展开，如图2-7所示。这样做有两方面的好处。一方面，它能使平台算法“读”懂账号与其发布的短视频的类型、特征，从而让平台将其更准确地推荐给偏爱此类短视频的用户；另一方面，它也能确保账号持续输出的内容是迎合用户需求的，从而吸引用户从偶然看到一条短视频到成为该账号的忠实粉丝。

图2-7　紧扣账号定位

如果短视频创作者急于打造“爆款”，看到一些热门事件一时间吸引了全网大部分流量，于是自己也围绕这类事件，创作了与原账号定位关联度较低的短视频，这显然是创作者对账号定位和选题策划的把握出现了偏差。这种偏差首先会造成账号在平台算法推荐机制下的失利。平台的算法能够给内容定位、账号定位、用户偏好高度匹配的短视频做精准的用户推荐，但对这类匹配度不高的短视频，则无法做出准确的判别与推送。如果短视频账号中经常出现这样的偏差，会使账号的推荐权重逐渐降低。

短视频的选题与账号定位的错位，也会导致粉丝对账号失去认同感。短视频的内容风格与粉丝对账号原本的期待发生了“背离”，会直接导致粉丝的“离弃”，即便单条短视频吸引了部分粉丝，但从长远来看，粉丝数量不会增加，反而会出现“掉粉”现象。

实战经验笔记

短视频创作者需要自我检查短视频内容是否匹配账号定位。其方法是，在为发布的每条短视频写文案、贴标签时，检查一下文字中的关键词与账号定位是否一致，与主要的粉丝群体的喜好是否一致，以对标算法推荐中的关键指标。

2. 选题紧扣热点话题

各个短视频平台的流量分布都是不均匀的，在一段时间内会形成几个热点话题，即上“热搜”、上“热榜”。这其中既有用户自发形成的因素，又有平台对流量的引导。

创作者要策划出“爆款”短视频，如果仅靠自造声势上“热门”，显然成本很高，而“蹭热点”的成本显然远低于“造热点”的成本。要想保持稳定的优质内容生产能力，短视频创作者就应当密切关注平台中已经形成的热点话题，并紧扣热点，适时发布相关的短视频，“引爆”的概率才能提高。

（1）热点话题的类型

热点话题大致有3类，前两类属于全网热点，第三类是平台自己的热点。

① 突发型热点

突发型热点即突发新闻，例如突发的自然灾害、重大事故、名人官宣、热门八卦等。对于这类热点，如前所述，创作者需要谨慎考虑围绕该热点开展的选题策划是否与自身的账号定位相匹配。

例如，发生了重大事故，公安、消防等部门的账号，可以围绕如何避免此类事故展开相关的安全宣传。明星名人发布了官宣，时尚方面的账号可以就该明星的经典服装穿搭进行讲解。但通常来说，以变现为目的的账号不太适合“蹭”突发型热点，如果选题策划把握不当，容易弄巧成拙。

② 预知型热点

预知型热点，可进一步分为事件热点和时令热点。事件热点例如中国宇航员完成了太空任务、一部明星云集的电影上映了、某品牌又发布新款手机了等。创作者可以密切关注新近发布的信息，了解刚发生的新闻，围绕这类热点，提前进行选题策划。

时令热点，即每年的“四季歌”，例如每年都有中考、高考、“双十一”、情人节，某著名景区将进入最美观赏时节等。虽然这类热点年年都有，但受众覆盖面广、关联度高，创作者可以早做准备，设计与本账号有关联的内容。

图2-8展示的内容是太空任务完成、庆祝新年等，均是重大热点事件，且提前可以预知。但如何结合自有账号定位进行选题策划，还需要创作者进一步思考。

图2-8　与热点话题的对接

实战经验笔记

在各类热搜网站、数据类App上都可查看热点数据，如微博热搜、新榜等，从而分析热度峰值。创作者用好热点数据，可以提前挑选合适的热点话题进行选题策划。另外值得关注的是，不同平台的热点话题的热度上升和热度褪去的时间节点是存在差异的，创作者可以对不同平台的热点进行比较，做热点预测，并卡住热度峰值点发布短视频，从而实现“引爆”的效果。

③ 平台自有热点

不同的短视频平台会有一些自己的热点话题或热门活动。由于各个平台的用户群体有所差异，关注的热点也各不相同，需要创作者分门别类地关注，并有针对性地进行短视频的发布。

而平台的热门活动，即平台的“命题作文”，往往是平台为提升自身影响力而做的策划，是不同时期的宣传推广重点，或者是平台层面的大型商业合作推广，一般会通过平台社区通知、发布广告等多种形式向创作者定时发布，创作者需要密切关注，参与活动可获得一定的流量扶持。

实战经验笔记

每个平台都有热门话题列表、热门“梗”，热门活动内容与参与方法也各不相同，创作者需要“跟上节奏”，并仔细阅读活动参与的相关说明。图2-9展示的分别是抖音、微信视频号中发布的热门活动，主要的参与方式是在发布的视频的文字说明中打上热门话题标签，或点击“立即参与”发布视频。参与这样的活动，能够有效增加视频的流量。

（a）抖音　　（b）微信视频号

图2-9　平台热门活动

（2）“蹭热点”的衡量标准

如前所述，网络热点五花八门，并非都适合作为短视频的创作素材，创作者可以以下面3个指标来衡量是否要“蹭热点”。

① 风险性

创作者需要对“蹭热点”可能存在的风险进行预估。特别是针对恶性事故、政治新闻、法律法规及新政策，要确定策划团队具有把握能力、能够正确解读，因为一旦解读不当，触及红线及敏感问题，可能会满盘皆输。

② 时效性

在“蹭热点”时需要考虑以下问题：当前的热点是否正在持续升温？有无继续发酵扩大的可能？短视频是否可以引发新一轮的热议？如果以上问题的答案都是“否”，就没有必要“炒冷饭”了。

③ 传播力

创作者需要判断热点话题是否自带互动性、讨论性，是否实用、有趣，本账号的目标受众群体是否对此感兴趣。如果用户没有想转发扩散的强烈意愿，其传播力就要大打折扣了。

课堂讨论

请运用上述指标，对时下的热点进行梳理和判断，确定你要做的短视频账号是否应该“蹭热点”及如何“蹭热点”。

↘ 2.2.2　选题迎合用户需求

用户的点赞量、评论量、转发量是绝大多数平台算法推荐的主要参考指标，决定了平台是否会优先推荐该条短视频，是决定短视频能否成为“爆款”的关键。

需要注意的是，“爆款”短视频具有强烈的偶然性和快速替代性，点赞量一时的暴增往往只是昙花一现。而作为PGC或PUGC的创作者，创作“爆款”短视频的目的，不在于产生单个“爆款”，而在于吸引粉丝，形成垂直账号，增强用户黏性。

因此，迎合用户的需求，是创作者在选题策划时应当考虑的重点。

1．紧扣用户痛点

紧扣用户痛点的目的是引导或激发用户的互动行为，获得平台的算法推荐。总体来说，“有趣、有用、有情、有品”的短视频，一方面由于选题优质，往往会被平台优先推荐；另一方面，也正因为短视频传递了“主流价值观”，从而迎合了主流用户的喜好，更容易获得用户的关注。

短视频创作者在做选题策划时，可以从以下两方面发力，找准痛点。

（1）找共同点

找共同点即短视频账号要让人产生共情与共鸣，如图2-10所示。共情既可以是亲情、友情、爱情，也可以是关爱之情、热爱之情、敬爱之情。共鸣包括身份的共鸣、经历的共鸣、审美的共鸣，也包括与用户利益密切相关、与用户价值观高度相同形成的共鸣。

图2-10　让人产生共情与共鸣的短视频

例如：关爱之情，如对弱势群体的关爱；热爱之情，如对国家、城市的热爱；敬爱之情，如对医生、教师、军人、科技工作者的敬爱等。这类短视频往往都能赢得高点赞量、高转发量、高互动量，同时也能激发起用户的价值观共鸣。

（2）找差异

差异包括视觉上的反差、与用户日常生活情境的差异，或是与用户认知的信息反差。找差异能赢得用户关注，激发用户行为。

视觉上的反差包括唯美视频、奇观呈现视频，或经过特效包装的短视频。这些短视频之所以能成为“爆款”，就是与日常可见的情况形成了视觉上的反差，为用户提供了视觉盛宴。

短视频利用与用户日常生活情境的差异，可以使用户得到在日常生活中得不到的体验，如“世界那么大，我想去看看”、李子柒世外桃源般的生活、丁真的世界（见图2-11），都能让用户产生憧憬与向往。萌宠视频之所以热门，引发大量网友“云吸猫”“云吸狗”，也是因为满足了用户“可望而不可即”的心理。

图2-11　利用与用户日常生活情境的差异迎合用户需求

创作者还可以利用与用户在认知上的信息差，如图2-12所示，通过在短视频中传递知识、技能，打破用户的常规认识，拓展用户的知识边界，激发用户的兴趣与关注。

图2-12　利用与用户在认知上的信息差迎合用户需求

2. 紧扣心理节奏

紧扣心理节奏不是指选题本身，而是具体到了选题策划的执行层面，主要是指通过前期的策划，提前设计好摄制环节的执行细节，以保证短视频能调动观众情绪，为观众营造心理氛围，形成“扣人心弦”的效果，并吸引观众互动，打造“爆款”短视频。

第1章已经提到，短视频的完播率是部分短视频平台进行算法推荐的一个极为重要的指标。因此，短视频虽短，却是分秒必争的，“浓缩的才是精华”。要想通过拍摄剪辑形成心理氛围，抓住观众的目光，使用户完整地观看短视频，并愿意与创作者互动，短视频创作者可以在以下4方面进行突破。

（1）开门见山

开头5秒内，短视频要表达的核心观点必须出现，或在5秒内必须抛出悬念。

短视频的观众与纸质书的读者的信息接收习惯完全不同，短视频与图、文相比，逻辑性更弱，更强调视觉、听觉的感观体验。短视频的观众甚至与传统影视作品的观众的信息接收习惯也大有不同，短视频的叙事结构，与传统影视作品的叙事结构不同，其更加碎片化，因此要避免对背景信息进行大量的铺垫，而要直奔重点，把最有亮点、最有悬念的部分作为短视频的开头或封面进行展示。

实战经验笔记

短视频要摒弃传统的叙事结构，不要“憋大招”。例如，阿里巴巴的官方抖音号曾经发布过两条短视频：在公司庆典中马云演唱了歌曲，但首次发布的短视频是以大摇臂、大全景的演唱会画面做开头，“亮点”被淹没在冗长的铺垫中，观看量较少（见图2-13）；之后做了重新调整，将“马云”“朋克”等亮点以画面、字幕的形式提炼出来，便成了“爆款”短视频（见图2-14）。

图2-13　采用传统叙事结构的短视频

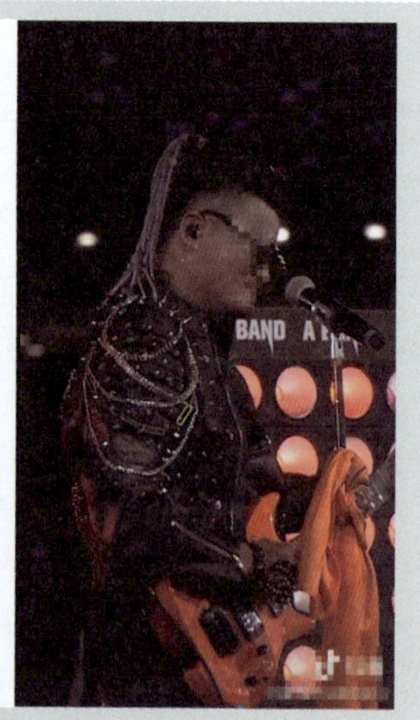

图2-14 “开门见山”的短视频

（2）剧情反转

“爆款”短视频往往通过短短几十秒的画面制造出戏剧冲突，并实现剧情的单次反转甚至多次反转，从而营造出扣人心弦、出人意料的观感。这样的创作手法，在传统的影视作品中非常常见，创作者可以借鉴经典影视作品的做法，将其应用到短视频的创作中。

在图2-15中，镜头画框内，女主角让男主角“放手”并说“你这么坚持 你累不累”，配上深情的音乐，给观众制造了“男主角牵着女主角的手不肯分手”的心理期待，但镜头一转，原来是男女主角正在争抢鸡翅，配上搞笑的音乐，立刻形成与观众心理期待的巨大反差，制造出了喜剧效果。

图2-15 剧情反转的短视频

（3）埋“梗”互动

短视频可以通过埋“梗”的方式与用户互动，调动用户的情绪。

短视频创作中的埋“梗”，可分为故意埋“梗”、无意造“梗”、故意制造出看似无意的“梗”3种。

故意埋“梗”，类似于拍摄侦探片，在每个短视频中刻意留下几个“梗”，吸引用户互动。例如抖音中常见的留有悬念的短视频（见图2-16），会在前一期的短视频中留下探案线索，吸引用户参与“破案”，而在后一期短视频中揭晓答案，从而吸引短视频用户产生反复回看、留下评论、进入账号主页翻找上一期或下一期视频等互动行为，不仅有利于平台进行算法推荐，还极大增强了用户黏性。

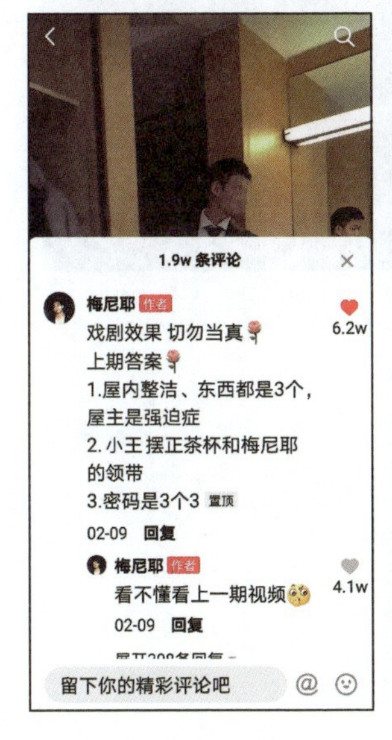

图2-16　故意埋“梗”的短视频

无意造“梗”，并非短视频创作者有意为之，例如一段唱歌、跳舞的视频成为“爆款”视频，往往不仅是因为表演者本人的出色表演，还可能是因为路人在拍摄现场观看时做出的有趣反应。

而故意制造出看似无意的“梗”，则是以上两者的结合。短视频创作者会在选题策划之初，刻意选择在户外拍摄，便于加入拍摄现场的路人反应，还可以加入其他有趣的拍摄花絮。还有的短视频创作者会增加一些细节“梗”，如演员扣错的扣子、黏了糖果纸的鞋底等，以增加用户的互动点。

（4）用户引导

由于短视频的时长较短，为了在有限的时间内赢得用户更多的反应或互动，可以以字幕或语音的形式加入明确的用户引导语，常见的简单引导语有“请双击屏幕”“点赞”“关注我”；还可以在短视频中加入提问环节，或是拍摄对着另一个人说话的镜头，邀请其他观众一起来参与“合拍”，从而形成与用户的有效互动，如图2-17所示。

图2-17　艺人拍摄对话镜头邀请用户“合拍”

思考题

请你选择一则“爆款”短视频，分析它是如何紧扣平台算法与用户需求的，并借鉴其中的技巧，为你的短视频账号做好选题策划。

2.3 短视频策划方案的制订

在明确了短视频的账号定位、完成了短视频的选题策划后，短视频创作团队需要制订策划方案，将前期的策划创意、想法变得可落实、可执行，令团队的所有成员或服务的客户都能理解短视频的创意，并能够较为精准地估计出摄制预算，有效控制成本。

2.3.1 短视频策划方案的用途和类型

短视频的策划方案，是把想要摄制的短视频，从前期的创意、想法，变成书面的、可读懂的策划文案、剧本大纲、分镜头脚本等，它相当于建楼房前画的设计图纸。

制订策划方案的目的，是在拍摄制作前，让创作团队成员充分理解该条或该系列短视频的创意，做到胸有成竹。如果创作团队承接的是某客户委托拍摄的短视频，同样需要拿出具体的策划方案，与提出摄制需求的客户进行充分的交流沟通，并通过对策划方案的不断打磨达成共识，确保短视频的成片能达到客户的预期效果。

实战经验笔记

在实际运作的过程中，有很多短视频创作团队为了省时省力，不愿意撰写策划方案，这造成的结果是创作团队成员不能充分理解前期选题策划的创意、思路，拍摄制作等环节执行不到位，拍出的短视频与原创意大相径庭。更糟糕的是，前期与提出摄制需求的客户没有达成高度一致，完成短视频的摄制后，客户反复要求修改，甚至要求返工重拍、重做。

事实上，制订书面形式的策划方案，是“磨刀不误砍柴工”的。特别是受客户委托拍摄制作的短视频，书面的策划方案应当作为双方签订的摄制合同的附件，只有策划方案经双方认可后，才能正式开拍。

短视频的策划方案没有统一、固定的格式。不同的应用场景下，策划方案的撰写方式也不同。常见的策划方案的内容包括：策划文案、剧本、分镜头脚本。

1．策划文案

策划文案多用于向提出摄制需求的客户展示短视频团队的创作思路，以赢得客户的认同，促进合作的达成，也可以用于让短视频团队成员统一创作思路。

策划文案以文字描述为主，可以配合一些图片。一个面向客户的、完整的短视频策划文案的基本样式如下。

面向客户的策划文案

一、传播目的，即摄制该短视频是为了实现怎样的效果，如进行商业推广、提升品牌影响力等。

二、目标受众，即该短视频主要是给谁看的。

三、拍摄主题，即该短视频要表达的主题。

四、拍摄内容，即剧本、分镜头脚本等执行细节。

五、投放渠道，即打算将短视频发布在哪些平台上。

六、经费预算，即涉及的设备费用、人工费、交通住宿费等。

之所以要在策划文案中明确写出传播目的、目标受众这两个部分的内容，是因为传播目的、目标受众直接决定了短视频的拍摄主题、拍摄内容和调性。虽然短视频创意是可以由创作者“脑洞大开”产生的，但绝非是随意为之。内容是为目的服务的，而形式是为内容服务的。短视频创作团队不仅在内部要形成统一的思路，更要在外部通过策划文案，向提出摄制需求的客户阐释清楚，赢得客户的理解和认同。

实战经验笔记

如何理解“内容是为目的服务的，形式是为内容服务的”？例如，客户要拍摄一个或一系列短视频来销售洗发护发类、美妆类产品，显然，其传播目的是商业变现，而不是通过搞笑娱乐来吸引流量，这时就需要避免过于复杂的剧情设计，不要过多玩“梗”，避免喧宾夺主。

哪些客户会受到短视频的影响，产生购买行为呢？显然大部分是青年群体。基于此，该类短视频的目标受众，是短视频用户中具有一定消费能力的青年群体。因此，该类短视频中出现的主角形象，可以是各行各业的青年群体，涵盖但不仅限于大学生群体，摄制的场景也可以更多样，不要全是校园场景。

从投放渠道上来看，抖音的用户中青年人占了相当大的比例，而“变妆”是抖音非常受用户欢迎的功能。如果计划在抖音上投放该类短视频，可以从“变妆”的角度去设计短视频内容，以轻松愉快的风格赢得用户的认同。

图2-18展示的短视频账号名为“星改造”，其每条短视频的主题，都是为普通青年做一次形象改造。拍摄的对象则是小店老板、工人、快递员等，在完成形象改造后，这些人都发生了令人惊讶的外观改变，而在形象改造的过程中，就可以植入各类美发、美妆产品。该系列短视频的内容就很好地服务了它的传播目的、目标受众，也很符合它的投放渠道的整体风格。

图2-18　推广美发、美妆产品的短视频

如果策划文案不面向客户，只面向团队内部，那么在短视频的账号定位、目标受众都明确的前提下，可以简化策划文案，只保留拍摄主题、拍摄内容、投放渠道、经费预算等内容。

实战经验笔记

短视频的策划文案，无论是用于跟客户交流，还是用于创作团队内部交流，均要写出拍摄主题。要注意，每条短视频都有一个主题，不能空洞无物，做成“照片合集”，也不能有多个主题，内容过散。如果一句话不能概括出该条短视频的拍摄主题，或拍摄主题和拍摄内容写得一样长，极有可能是策划的主题过散，创作者需要重新调整策划思路。

2. 剧本

剧本，多在拍摄剧情类的短视频时用于帮助短视频团队内部梳理创作思路，也可以面向提出摄制需求的客户，让对方理解该摄制方案的思路。它主要是用叙述性的文字，简洁地说明所要拍摄的景象、人物、动作、对白。

下面是一个简单的剧本。

第1场/日/内/办公大楼大堂

小张从电梯里出来，一群墨镜男正等在电梯外，看到他急忙迎上前。

小张环顾左右，一脸诧异地向外走。

墨镜男左右并排站立，齐声鞠躬大喊："欢迎张××下班。"小张愣住，不知所措。

左侧墨镜男突然放礼花，小张吓了一跳，一脸尴尬，然后被墨镜男簇拥着向外走。

第2场/日/外/办公大楼门口

墨镜男们簇拥着小张走出大门，边走边用手推开其他路人，连声呵斥"不许拍照"。

大楼门口部分不明真相的围观者拿着手机偷偷拍照，以为自己偶遇了明星。

由此可知，剧本的写作顺序即为短视频最终呈现出来的故事剧情。其中，第1场、第2场是以场景切换来划分的，而"日""外"是指白天、外景拍摄，"日""内"是指白天、内景拍摄。如果是夜晚内景拍摄，则会写作"夜""内"。

这样的剧本重点在于梳理出故事的"起、承、转、合"，精心设计埋"梗"的位置，写明每个具体场景中要出现的人物、对白、动作，既便于看剧本的人理解短视频最终的呈现效果，也便于摄制团队做好相关的拍摄安排。

实战经验笔记

为短视频写剧本不同于文学作品创作，要力求具象化，不能抽象概括。不同的例子如下。

抽象的、无法拍摄的内容："周围冷清，他内心非常孤寂，不知何去何从。"

具象的、可以拍摄的内容："枯藤老树昏鸦，小桥流水人家，古道西风瘦马。夕阳西下，断肠人在天涯。"

3. 分镜头脚本

对于专业的短视频创作团队来说，更翔实可靠的执行方案是分镜头脚本。分镜头脚本几乎是最接近短视频成片的"设计图纸"，它将创意、思路转化成了镜头语言，标注了成片中每一个镜头的具体设计。它主要用于让创作团队理解策划意图，并确保从前期拍摄到后期制作的每个细节都完全与方案相符，确保不会出现"货不对板"的尴尬局面。

分镜头脚本是有标准格式的，如表2-1所示。标准的9格表头需要体现镜号、景别、拍摄手法、时长、画面内容、台词、音响、字幕和特效、备注。

镜号：将一个个镜头按数字排序，镜号的排列顺序即为成片中内容最终的呈现顺序。

景别：被摄物体在拍摄画面中所呈现出的范围，包括远景、全景、中景、近景、特写、大特写。

拍摄手法：如何拍摄，是固定镜头还是运动镜头，采用怎样的拍摄角度等。

时长：该镜头的时间长度。

画面内容：所拍摄的画面内容。

台词：包括人物独白、对白、画外解说词等。

音响：包括背景音乐、音效。

字幕和特效：包括字幕的内容，或添加的画面特效等。

备注：其他注意事项。

表2-1 分镜头脚本

镜号	景别	拍摄手法	时长	画面内容	台词	音响	字幕和特效	备注
1	全景	航拍	4秒	俯瞰学校	/	校歌音乐淡入	/	
2	全景	航拍	3秒	学校正门	/	打上课铃	/	
3	中景	跟镜头	3秒	学生走入校门	/	脚步声、人声	“上午8点”	

专业的摄制团队在有了纯文字版的分镜头脚本之后，还需要将其制作成有画面的分镜头脚本，这也是摄制团队最高效的沟通方式之一，能有效提高拍摄效率。这种以画面形式呈现的分镜头脚本，过去主要靠手绘（见图2-19），如今也可采用软件工具绘制的方式。但不同于专业的影视摄制团队所拍摄的作品往往斥巨资打造，短视频创作则要力求降低成本，因此，建议短视频创作者采用一种更实用且符合短视频创作实际的分镜头脚本，即添加了“参考画面”的分镜头脚本（见表2-2）。

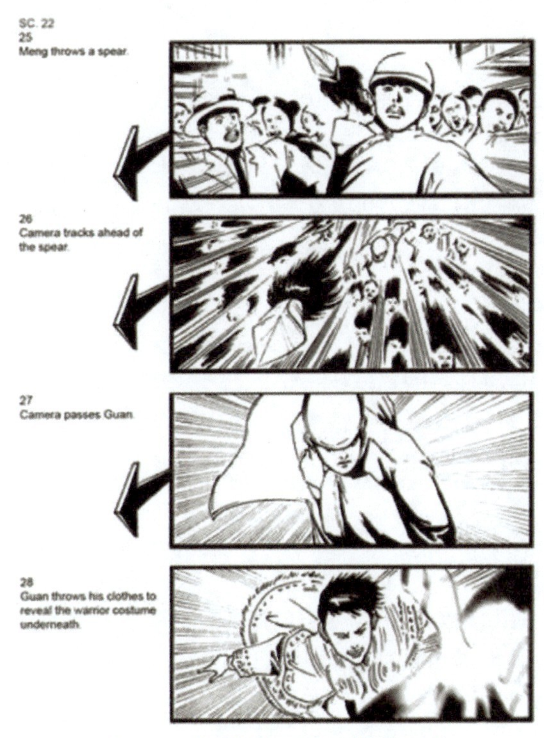

图2-19 某电影的手绘版分镜头脚本

表2-2 添加了“参考画面”的分镜头脚本

镜号	景别	拍摄手法	时长	画面描述	台词	音响	字幕和特效	参考画面	备注

表2-2在标准的9格文字版分镜头脚本的基础上，加入了“参考画面”一栏。由于短视频大多是就地取景、就地取材进行拍摄，建议创作团队在拍摄短视频前提前踩点，在取景的实地拍摄一些照片作为参考画面使用，也可以寻找一些与预计达到的摄制效果类似的画面，将其作为参考画面，这样可以让摄制团队对成片做到胸有成竹，也能令委托拍摄的客户一目了然。

一个可理解、可执行的短视频分镜头脚本如表2-3所示。从表中可以看出，该短视频总时长预订为30秒，总共由10个镜头组成，拍摄场景全部是白天的外景，拍摄手法主要以固定镜头为主，景别中的特写镜头较多。摄制团队可以依据这一脚本，提前准备拍摄器材（具体内容在本书第3章中有详细介绍）。例如，拍摄手法以固定镜头为主，需要准备三脚架，不需要摇臂、轨道等辅助器材；景别以特写镜头居多，则需要准备中焦、长焦镜头和大光圈的定焦镜头，不需要广角镜头；白天的外景拍摄，可能需要准备反光板，不需要额外的灯光设备。该短视频拍摄涉及两名演员，对服装造型有一定的要求，但后期制作并不复杂。依据这一分镜头脚本，确定拍摄器材、人员数量后，就可以较精准地计算出成本。一方面可以实现预算控制，另一方面，这也是向委托拍摄的客户报价的依据。

表2-3 分镜头脚本

镜号	景别	拍摄手法	时长	画面描述	台词	音响	字幕和特效	参考画面	备注
1	特写	跟镜头	4秒	街上一男一女相向走过的脚部特写，男女均穿中式服装	/	音乐入	字幕竖排“记得早先年少时”		
2	近景	固定镜头	3秒	穿中式青布服装的男主角，手提着行李箱的局部画面	/	音乐同上	字幕同上		

续表

镜号	景别	拍摄手法	时长	画面描述	台词	音响	字幕和特效	参考画面	备注
3	全景	固定镜头	3秒	传统小巷里，男主角从左侧步行入画	/	音乐同上	字幕同上		
4	大特写	固定镜头	2秒	女主角旋转扇子	/	音乐同上	字幕竖排“大家勤勤恳恳”		
5	大特写	固定镜头	2秒	男主角的衣衫抖动	/	音乐同上	字幕同上		
6	近景	固定镜头	2秒	女主角入画，伸手去接行李箱	女：“先生，您回来了。”	音乐同上	字幕横排“先生，您回来了”		
7	大特写	固定镜头	2秒	递行李箱	/	音乐同上	字幕竖排“说一句”		
8	近景	固定镜头	3秒	男主角入画	女：“辛苦了”	音乐同上	字幕竖排“辛苦了”		

续表

镜号	景别	拍摄手法	时长	画面描述	台词	音响	字幕和特效	参考画面	备注
9	特写	固定镜头	2秒	男主角面部特写，微微点头	/	音乐同上	字幕竖排“说一句”		
10	中景	固定镜头	3秒	两人缓缓进门，出画	/	音乐淡出	字幕竖排“从前的日子很慢，一生只够等一个人”（分3屏横画幅）		

2.3.2 策划方案制订过程中的成本控制

一方面，短视频的摄制设备呈现轻量化趋势，短视频的从业门槛也似乎不高，但另一方面，要持续生产原创、优质的短视频，创作成本并不低，而且没有上限。成本高的原创、优质短视频如图2-20所示。目前，各短视频平台的头部账号逐渐转向采用PGC、PUGC模式，行业管理进一步规范，版权保护力度加大，这都会促进短视频平台更多地将流量推向原创、优质的短视频账号。

图2-20 成本高的原创优质短视频

因此，如何既保证优质内容的持续输出，又能维持团队的良性运作，是短视频创作者必须考虑的问题。创作者应当在策划前期就做好成本控制。短视频制作成本可分为资金成本、人力成本、时间成本3类。这三类成本均可以在前期策划方案的制订过程中加以控制，具体方法如下。

1. 做好策划方案控制成本

策划文案、剧本、分镜头脚本是非常具体的执行方案，是可以较为精确地估算出成本的。在写剧本、写分镜头脚本时，每增加一个拍摄场景，就意味着时间成本和交通费、住宿费等资金成本的增加；每增加一个拍摄人物，就意味着人力成本的增加；增加航拍、运动镜头等拍摄方式，就意味着拍摄器材增多，人力成本增加；提高对服装、道具的要求，就意味着资金成本的增加。

因此，创作者在做策划方案时，要提前充分考虑成本，并充分利用现有的资源优势，尽量就地取材，减少不必要的场景切换，从而有效地控制短视频的制作成本。

从形式上看，视频混剪、录屏加解说、人物出镜讲解、人物对话、创意剧情这5类视频的制作成本依次增加。在做策划之前，创作者对拍摄成本要有充分的预判。图2-20展示的短视频或需要依靠前期绘画，或需要依赖后期特效制作，成本较高，而图2-21展示的短视频拍摄场景单一，演员数量、服装、道具均能有效控制，制作成本相对较低。

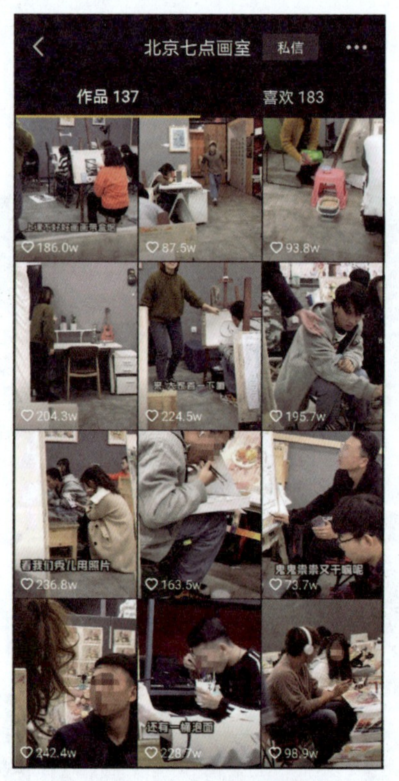

图2-21 单一拍摄场景控制拍摄成本

实战经验笔记

创作团队可以根据经费预算和资源优势，确定短视频的策划方案。例如，要为售卖电子数码产品的店铺做一个有商业变现前景的短视频账号，摄制的短视频的内容既可以是大学生买笔记本电脑的剧情故事，也可以是一位主播分享如何选购笔记本电脑的小知识，还可以是在各类笔记本电脑上打游戏的体验分享。在这3个策划中：剧情故事的摄制时间、人力成本最高；主播进行知识分享的成本居中，但如果主播就是笔记本电脑店老板，可以节省成本；而在笔记本电脑上打游戏的体验分享，采用录屏加解说的方式就可以完成，制作成本较低。

特别要注意的是，短视频创作团队需要掌握短视频创作的核心竞争力，这个核心竞争力或是剧本创作能力，或是后期特效技术，或是拥有核心IP。这样既能控制成本、又能规避后期因人员调整带来的不可控因素。

实战经验笔记

有人设的视频号在各类短视频平台中都很受欢迎，但视频号在获得了忠实的粉丝后，一旦更换主播或演员，就会对视频号造成致命的打击。通常，MCN机构通过签约来固定主播或演员。

但如果换个思路，采用虚拟主播或不展示主播的真实形象，把文案作为短视频的核心竞争力，就可以防范此类风险，不会因为主播变更而对短视频的内容和风格造成较大的影响，如图2-22所示。

图2-22 不展示主播的真实形象以控制成本、规避风险

2. 做细拍摄计划控制成本

如果想要在拍摄流程中实现成本控制，仅在策划方案时精打细算是不够的，更重要的是提前做好拍摄计划，有效地提高短视频拍摄团队的工作效率，从而节约时间成本和人力成本。

由于策划文案、剧本、分镜头脚本都是按照短视频成片的画面组织顺序来撰写的，但在实际的拍摄过程中，并不需要按照剧本和分镜头脚本中的场景、镜头顺序来拍摄，而是要根据不同的场景来安排拍摄日程，将相同场景的拍摄内容一次性拍完，再更换到下一个场景拍摄。

而由于短视频创作是持续的内容生产的过程。如果有多个短视频选题、多个策划方案，在实际执行拍摄任务时，相同场景的拍摄任务，或相同演员的拍摄任务，就可以集中安排到一天完成，从而保证成本可控、稳定持续地产出。短视频创作团队可以提前制作拍摄日程单，如表2-4所示，合理分配拍摄任务、有效调配资源。

表2-4　短视频拍摄日程单

拍摄时间	拍摄地点	拍摄内容	参演人员	摄制人员	备注（联络人）
11月1日上午	×楼内	分镜头脚本1 镜号3～15； 分镜头脚本2 镜号1～8……	……	……	……
11月1日下午	×公园	分镜头脚本2 镜号2～10； 分镜头脚本3 镜号6～10……	……	……	……

3. 优化资源配置控制成本

优化资源配置一方面是优化人力资源的配置，团队成员应当一专多能，例如编导能兼任剪辑师、群众演员，并负责要求不高的拍摄任务；另一方面是优化硬件、软件设备资源的配置。

目前，短视频的摄制设备正呈现出轻量化的趋势，技术下沉使得一个人可以完成过去几个人才能完成的拍摄任务。在摄制设备的选择上，短视频团队无须追求昂贵、高端的摄制设备，更无须将摄制设备配备齐全。与专业的摄像机相比，单反相机、微单相机是更多短视频创作团队的首选。用手机拍摄、剪辑也完全能满足一般的短视频摄制需求。本书第3章、第5章会重点介绍摄制设备的相关内容。

课后练习题

1. 以近一周的热点事件为参考，做一个短视频的选题策划。

2. 基于以下短视频推广的需求，为该招聘网站撰写剧情搞笑类、娱乐类、教育类3个不同垂直领域的短视频策划文案。

正值毕业季，××招聘网站作为招聘大平台，致力于帮助青年求职者对接招聘单位。招聘网站希望选用青年用户较多的短视频平台，联合短视频“达人”围绕该招聘网站创作短视频，变“品牌广告”为“短视频‘达人’互动推荐”。通过优质IP的吸引，提升青年用户对该招聘网站的关注度，实现面向青年群体的精准曝光，加深该招聘网站在青年用户心中的印象，进一步提升影响力。

3. 在图书或杂志中摘抄一则有简单剧情的文案，并将其改编成一个短视频剧本，要注意剧本表达要具象化，使剧本可执行。

4. 以拍摄室内情景短剧为例，在保证基本质量下，谈谈你将如何有效控制成本。

第 3 章 短视频的拍摄

【学习目标】

- 了解短视频拍摄设备中的常用参数。
- 了解短视频创作中的常见术语。
- 掌握使用相机拍摄短视频的实用技巧。
- 了解使用相机拍摄短视频的常用辅助工具。

短视频行业快速生产、快速消费的特点，要求短视频摄制设备轻量化。而竖屏观看新习惯的养成，也使家用相机取代广播级摄像机的进度进一步加快，家用相机逐渐成为短视频行业的标配。同时，为短视频拍摄而生的各类常用辅助工具也不断推陈出新。本章介绍了短视频拍摄的基本概念和拍摄要点。

3.1 拍摄的基本概念

从媒介的发展历程来看，视频拍摄呈现出技术下沉的趋势。大型、专业的摄影器材正在逐渐被便携式、家用普及型的摄影器材取代。

目前，从事短视频创作行业，推荐使用单反相机或微单相机进行拍摄。相比传统电视媒体常用的广播级摄像机，单反相机、微单相机的价格更低廉，机身更轻便，与其他配件组合使用，也能获得非常理想的拍摄效果。而广播级摄像机除了能更好地适配电视信号外，在拍摄画质等方面已逐渐失去优势。

3.1.1 拍摄设备中的常用参数

理解以下基本概念，有助于你更好地使用相机或摄像机进行短视频的拍摄。

1. 感光度ISO

感光度ISO是相机或摄像机的感光元件对光的敏感程度的指标。感光度ISO设置如图3-1所示。感光度ISO值较低时，如200，画质通常较好，感光度ISO值较高时，如6400以上，感光元件对光线的敏感度较高，因此能以较快的快门速度捕捉画面，另外，画面中的噪点会明显增加，使画质降低。

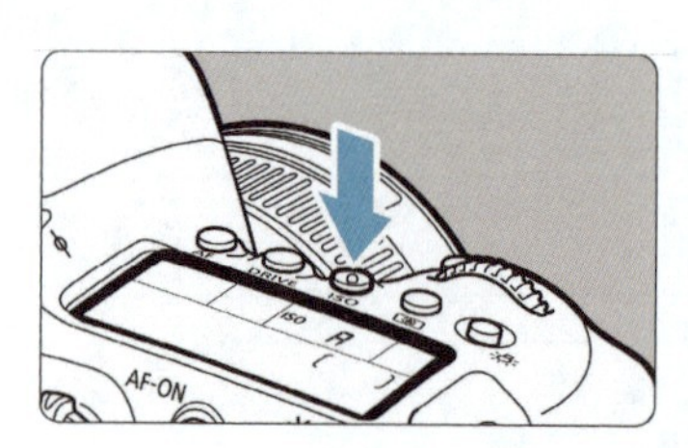

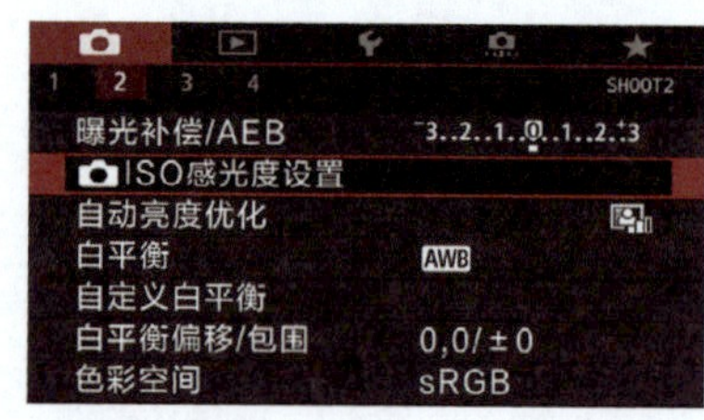

图3-1　感光度ISO设置

现在的相机或摄像机往往有自动设置感光度ISO的模式，造成短视频创作者对感光度ISO值的忽视。但这一参数事关画质，创作者需要密切关注。目前，很多高端的单反相机，能做到在高感光度ISO值的条件下保证较好的画质，在购置资金允许的情况下，创作者也可以考虑此类相机。但从总体来说，创作者应当关注这一参数，尽量将其压低，保证画质良好。

实战经验笔记

很多时候，拍摄的画面不够细腻，是感光度ISO值过高造成的。要提升画质，最简单的方法就是保证照明，选择在光线充足的环境下拍摄。在光线昏暗的情况下，特别是室内拍摄时，则需要选择补光设备，以降低感光度ISO值。

2. 白平衡

白平衡，英文为White Balance，是在相机或摄影机中，描述红、绿、蓝三原色混合后的白色的精确度的一项指标。调白平衡简称调白，通俗地说，就是在拍摄前让机器能准确地识别出白色，机器经过这个色彩矫正的过程之后，所拍摄的画面才不会偏色。

白平衡的调节依据主要是光的色温，光的色温对应的白平衡模式如图3-2所示。

显示	模式	色温(K：开尔文)
AWB	自动	3000～7000
AWB W	自动	
	日光	5200
	阴影	7000
	阴天、黎明、黄昏	6000
	钨丝灯	3200
	白色荧光灯	4000
	使用闪光灯	自动设置
	自定义	2000～10000
K	色温	2500～10000

图3-2　光的色温对应的白平衡模式

知识拓展

色温是标记光源颜色成分的一个数值，低色温的光线泛红，高色温的光线偏蓝。例如，早晚的阳光色温较低，为3000～3500K，颜色偏红；中午的阳光色温较高；而有云雾的天气中阳光的色温在7500K以上，颜色偏蓝。当阳光的色温在5500K时，光谱中的红、绿、蓝三色的比例接近，为白光。

如今的相机或摄像机有自动白平衡模式，在机器中对应的参数是AWB（Auto White Balance），如图3-3（a）所示。将白平衡调至AWB模式后，机器可以自动完成色彩矫正，但自动白平衡只能获得中性色，色温的范围有限。多数机器上还有日光、阴天、白色荧光灯等其他模式可供选择，可以在户外、室内等其他场合获得最佳的色彩。有时候因拍摄环境的光源比较复杂，或因创作的需要，会刻意选择偏暖或偏冷的色调，摄影师也可以选择自定义白平衡模式，手动进行调整，如图3-3（b）所示。

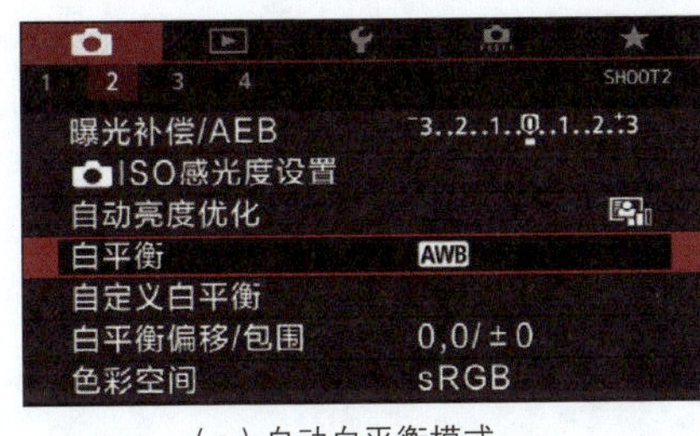

（a）自动白平衡模式

（b）自定义白平衡模式

图3-3　白平衡参数调节

实战经验笔记

白平衡的调整关系到拍摄画面的色彩还原是否真实，前期拍摄要尽量保证准确还原色彩，方便后期进行调色。

3. 光圈

光圈是镜头的重要参数，光圈孔径的大小决定了拍摄时的进光量。图3-4标注了光圈与进光量的关系，可以看到f/1.4的孔径较大，进光量显然较多，f/16的孔径较小，进光量也较少。总体来说，f值越小，表示光圈越大，进光量越多，f值越大，表示光圈越小，进光量越少。

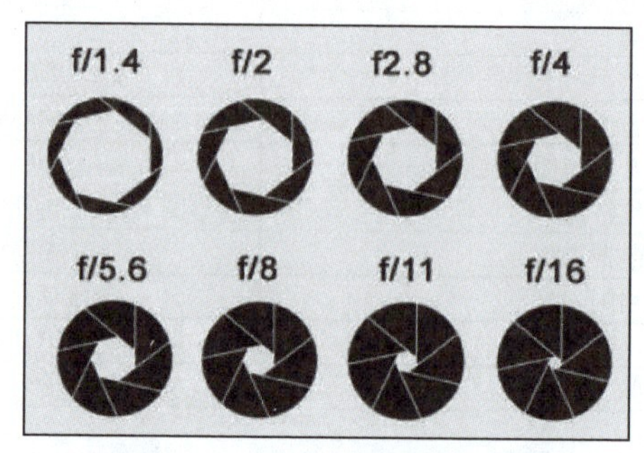

图3-4　光圈与进光量的关系

在相机的操作中，对应的是光圈值。图3-5中的数值表示当前的光圈值是f/6.3。通过拨动相机上的拨盘，或者直接在触摸式显示屏上调整光圈的数值，可调节光圈的大小。

图3-5　调节光圈值

光圈不仅是用来调节进光量、控制快门速度的重要参数，它更重要的用途是通过光圈的控制，来调整画面的景深。光圈越大，对焦点前后相对清晰的范围越小，即景深越小；光圈越小，对焦点前后相对清晰的范围越大，即景深越大。“景深”内容在3.1.2节中将详细介绍。

实战经验笔记

通常来说，大光圈、镜头越大，售价也越高。学会用光圈来调节对焦范围，能使画面呈现效果获得提升。

4. 快门速度

快门速度是描述相机或摄像机曝光速度的参数，在相机中对应的参数是SHUTTLE值，有的相机会显示为SS。

在感光度ISO值保持不变的情况下，光圈与快门是一对组合，通过快门与光圈的配合，可以获得正确的曝光值，如图3-6所示，图中数值表示当前的快门速度为1/125秒，光圈值为f/5.6。

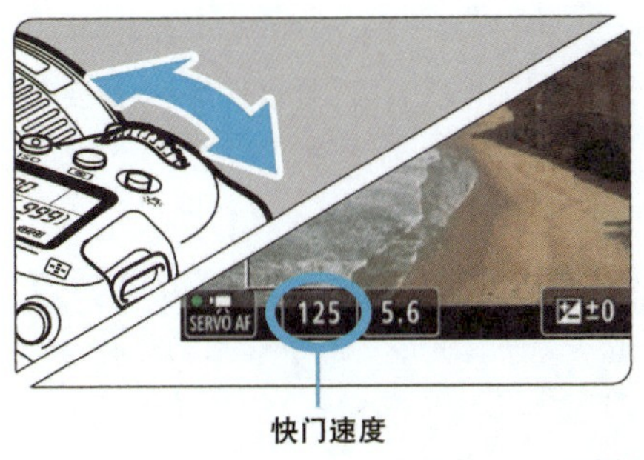

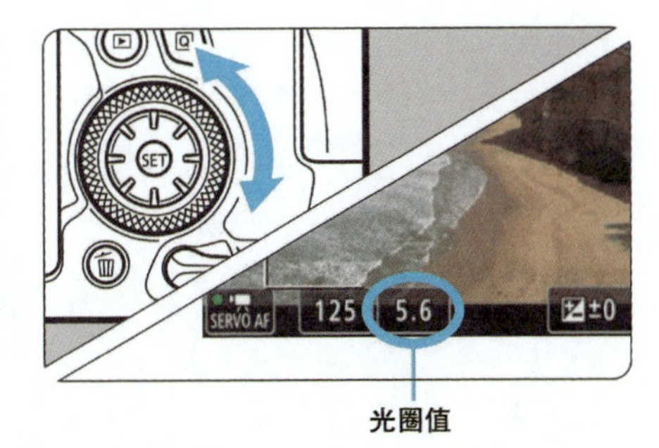

图3-6　光圈与快门速度的调整

如今的相机都有自动测光的功能，短视频创作者可选择“光圈优先”模式，相机则会为当前设定的光圈值自动匹配快门速度，以确保曝光正确。当短视频创作者选择全手动拍摄模式时，通常相机的显示屏或取景器内的快门速度或光圈的数值会闪烁，这表示创作者当前手动设定的光圈与快门速度的数值不能够保证曝光准确，当短视频创作者继续调整直至数值不闪烁时，表示曝光准确。

5. 曝光值

曝光值即Exposure Values，在相机中对应的参数是EV。曝光准确是指曝光值接近在测光数据准确的基础上，以还原反光率18%的灰板为标准，计算出的能让相机正确感光的曝光值。通俗地说，曝光准确时拍摄出来的画面既不太亮（曝光过度）也不太暗（欠曝）。在图3-7中，中间的画面曝光准确，层次丰富；左边的画面明显欠曝，画面太暗，如果将测光点对准最亮的位置拍摄，就会出现这样的情况；而右边的画面则是过曝了。很多新手喜欢右边画面的“明亮”的感觉，但事实上，在右边的画面中，虽然主体人物明亮了，但人物背后的树林的层次感消失了，使得画面失去了“树影婆娑”的意境。

图3-7　不同曝光值的对比

曝光准确是通过光圈与快门的组合来实现的。拍摄同一光源下的同一景物时，曝光值是相对固定的，但不同创作者使用不同的光圈与快门的组合，就会拍摄出不同效果。例如，在图3-8中，拍摄流水时，创作者加快了快门速度，就能拍出瞬间的水珠；在图3-9中，拍摄人像时，创作者使用了大光圈，就能突出主体、虚化背景。

图3-8　加快快门速度拍出水珠

图3-9　利用大光圈突出主体、虚化背景

6. 帧率

帧率是影响画面流畅度的参数（见图3-10），是指以帧为单位的图像出现的频率，在相机或摄像机上对应的是帧/秒（fps）。1帧画面即一幅静止的图像，在视频中，25帧/秒的画面，即表示1秒的视频是由25幅静止图像构成的。帧率越高，视频给人的观感越流畅，通俗地说，就是“不卡”，但视频占据的空间越大，对显卡的要求也越高。

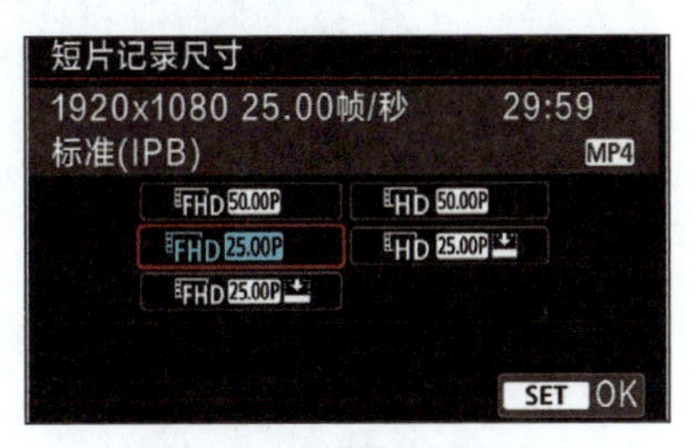

图3-10 相机上的帧率

常见的帧率是25帧/秒或30帧/秒，此时视频的观感已经足够流畅，也有帧率达到60帧/秒甚至更高的视频。

实战经验笔记

如果视频在后期需要做升格处理，即慢镜头效果，则在前期拍摄时，创作者需要调高帧率，以避免后期出现因帧率降低而造成的画面卡顿现象。

7. 分辨率

分辨率是影响画面清晰度的参数。分辨率为4K高清，一般指分辨率为4096像素×2160像素，或3840像素×2160像素；如果采用竖屏拍摄，即为2160像素×4096像素，或2160像素×3840像素。视频格式为1080P，则分辨率为1920像素×1080像素，画面比例为16：9；如果采用竖屏拍摄，即为1080像素×1920像素，比例为9：16。视频格式为720P，则分辨率为1280像素×720像素；如果采用竖屏拍摄，即为720像素×1080像素。

实战经验笔记

视频清晰度除了受到像素的影响，还受到视频码率的影响。新手常有的困惑是，剪辑视频时，像素已经足够高，为何仍没有得到高清画质。这主要是因为在后期处理时，很多后期制作软件或网络平台会自动压低视频码率。因此，创作者在后期制作时，要特别关注码率。推荐网络视频码率不小于4MB/s。

↘ 3.1.2 短视频创作中的常见术语

理解以下基本概念，有助于你更好地进行短视频创作。

1. 构图

构图是指被拍摄的景物在所拍摄的画面中的位置、布局。好的视频作品，其每一帧画面的构图都很讲究，主次分明、主题突出。反之，如果构图毫无章法，视频就很不耐看。常见的构图方式有中心式构图（见图3-11）、十字形构图（见图3-12）、三分法构图（见图3-13）、二八构图（见图3-14）、三角形构图（见图3-15）、对角线构图（见图3-16）、九宫格构图（见图3-17）等。

图3-11　中心式构图

图3-12　十字形构图

图3-13　三分法构图

图3-14　二八构图

图3-15　三角形构图

图3-16　对角线构图

图3-17　九宫格构图

实战经验笔记

在前期策划时，创作者可以通过预先踩点，了解实拍场地，确定拍摄机位、拍摄角度，精选拍摄场景或对拍摄场景稍做布置，在制作分镜头脚本的参考画面时，插入相应的场景照片，并提前设计好画面构图、人物造型等，以确保短视频的效果。

2. 色调

色调主要分为暖色调（低色温）和冷色调（高色温），不同的色调会给人不同的心理感觉。偏红、偏黄的暖色调（见图3-18）会给人愉快的感觉，如拍摄旅游、美食类短视频多采用暖色调。而偏蓝的冷色调（见图3-19）会给人静谧、高冷的感觉，如拍摄具有科技感的短视频多采用冷色调。

图3-18 暖色调的画面

图3-19 冷色调的画面

3. 景深

景深是指画面中的对焦点前后的清晰范围。小景深，即画面中的对焦点前后的清晰范围较小，焦点集中，层次分明；大景深，即画面中的对焦点前后相对清晰的范围较大，物体和所处的环境都能清晰地呈现出来。画面对比如图3-20所示。

小景深

大景深

图3-20　不同景深的画面对比

通过调整光圈、物距、焦距，可以控制景深的大小。简单地概括，就是光圈越大，景深越小；物距越近，景深越小；焦距越长，景深越小。

4. 景别

景别是指被拍摄的物体在画面取景中呈现的范围的大小，主要分为远景、全景、中景、近景、特写、大特写，如图3-21所示。

图3-21　不同景别的画面

实战经验笔记

从第2章的分镜头脚本的撰写中可以了解到，短视频是通过多个不同镜头的组接来完成画面叙事的，而将不同景别的镜头进行排列组合，可以实现不同的叙事、表意的效果。通过景别的变化和镜头时长的控制，也可以调整影片的节奏，这在第5章中将详细阐述。

5. 固定镜头

固定镜头是指在拍摄机位、镜头焦距、镜头光轴均不变的情况下进行拍摄，通俗地说，就是在拍摄时不做推、拉、摇、移、升、降、跟、甩等运动，只有镜头内的景物在变化。

实战经验笔记

短视频由于时长较短，使用固定镜头的概率非常高。固定镜头的最大优点在于，能客观地记录被拍摄的景物，让观众能仔细地观看被拍摄的物体。

6. 运动镜头

运动镜头即在拍摄过程中，拍摄机位、镜头焦距、镜头光轴发生了改变，如发生了推、拉、摇、移、升、降、跟的运动。

实战经验笔记

摄影师往往会利用运动镜头来表达特定的意图或抒发特定的情绪，例如，推镜头使得焦距由短变长，如可从全景推到特写镜头，用于强调局部事物；拉镜头使得镜头的焦距由长变短，用于介绍环境；从左往右水平摇镜头，则是模仿人眼从左边看向右边；跟镜头是跟着画面中被拍摄的景物一同前进，或一同倒退，令观众产生“跟着走”的代入感。

课堂讨论

分析一则文化旅游宣传类的短视频，学习其画面构图、景别、色调，以及固定镜头与运动镜头是如何组接的。

3.2 短视频拍摄要点

视频拍摄原本是摄像机的“专利”，而相机的主要功能是拍照，但近几年随着技术的发展，相机的视频拍摄功能大为加强，相机因此逐渐成为短视频行业的首选拍摄工具。本章主要讲述使用单反相机或微单相机进行短视频拍摄的要点。

3.2.1 相机和镜头的选择

在相机的选择上，单反相机、微单相机在短视频行业中更为常见。它的优点在于小巧便捷、价格低廉、画质优良，可以用于横拍、竖拍等多种拍摄手法。随着技术的进步，相机用于短视频拍摄的配件也越来越完善。

1. 相机的选择

创作者在选择拍摄设备时，需要对单反相机、微单相机有基本的了解。

单反相机与微单相机的差别并不在名称或体积上，它们的本质差异是在取景方式上。单反相机是“单镜头反光式取景照相机”，它的内部有光学镜片和反光镜，光线通过镜头到达反光镜，再反射到对焦屏上形成画面影像，这个画面再通过五棱镜反射到取景器中，创作者就能看到画面了，这就是光学取景的含义。通俗地说，使用单反相机时，创作者需要将眼睛凑在相机的取景器内看取景效果，因为取景的全程是光的折射和反射，所以看到的画面就像透过玻璃窗看风景，非常自然、真实。它的优势在于没有时滞和刷新率的影响，便于实时抓拍运动瞬间，但劣势在于不论创作者如何调整色温、感光度、快门速度等参数，光学取景器中的景象都不会发生任何变化。因此，现在的单反相机也同时拥有电子取景器，便于摄影者监测参数调整后的画面变化。

微单相机，即无反光镜的可换镜头相机，简称“无反相机”。与单反相机相比，微单相机取消了单反相机的反光板、独立的对焦组件和取景器，使得机身更为小巧。光线穿过镜头，直接投射在图像传感器上，导线将图像信号显示在取景器里，创作者利用电子取景器直接观察画面。虽然少了几面镜子使得机身体积更小巧，但这对画面最终的成像效果是没有影响的，所以不能简单地理解为单反相机比微单相机更专业。单反相机与微单相机的成像原理对比如图3-22所示。

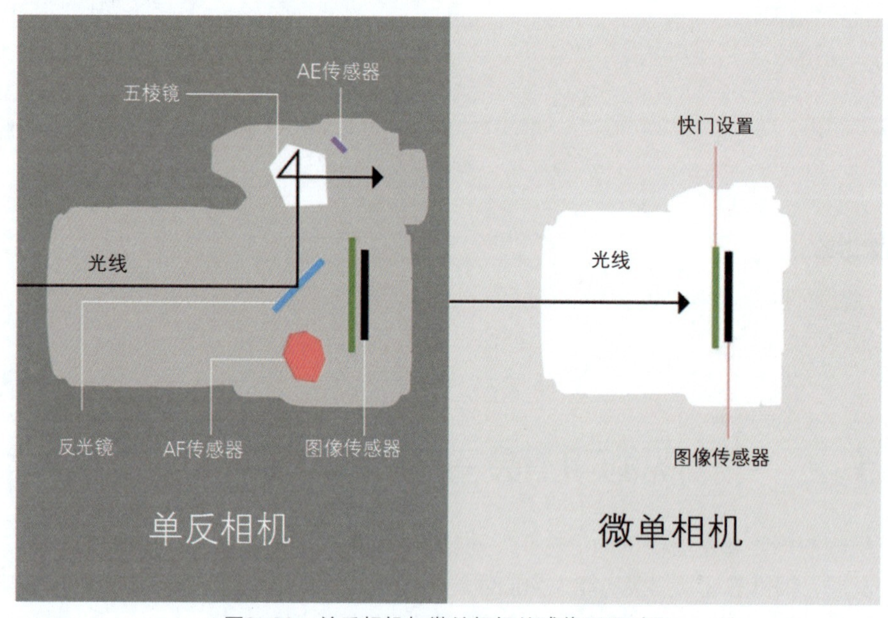

图3-22　单反相机与微单相机的成像原理对比

佳能、松下、索尼都推出了适合拍摄短视频的相机，部分机型都已经可以进行4K甚至8K的高清视频录制。而短视频主要在移动端播放，使用这样的设备拍摄绰绰有余。因此，创作者应当根据自己的预算、拍摄场景、播出平台，来选择合适的拍摄设备。不必盲目追求购买专业的摄像机或单反相机。事实上，价格昂贵的设备，未必是拍摄短视频最好的选择。

2. 镜头的选择

单反相机和微单相机最大的优势在于可换镜头。图3-23展示的是拆掉镜头后的相机机身。学会使用不同的镜头，能得到不同的成像效果。

与机型的选择相比，相机镜头的选择同样重要。建议短视频拍摄新手选择24～105mm镜头，性价比较高。如果从事专业的短视频创作，在购置经费允许的情况下，可以根据拍摄需要给一个机身配置几个常用镜头。通常来说，入门级的镜头可以配置3个，俗称“大三元”镜头。

图3-23 可换镜头的机身

“大三元”镜头分别是广角镜头、中焦镜头、长焦镜头，覆盖了短视频拍摄的常用焦段，“大三元”基本能完成绝大多数的短视频拍摄任务。以佳能镜头为例：

广角镜头，焦段为16～35mm，适用于拍摄风景、大全景，如图3-24所示；

中焦镜头，焦段为24～70mm，适用于日常的中近景拍摄，如图3-25所示；

长焦镜头，焦段为70～200mm，适用于拍摄人像、局部特写，如图3-26所示。

图3-24 广角镜头（16～35mm）

图3-25 中焦镜头（24～70mm）

图3-26 长焦镜头（70～200mm）

除了以上列举的“大三元”镜头，常用的还有超大广角镜头，适用于宏大场面的拍摄，但有时会产生畸变效果；微距镜头，适用于极近距离的拍摄等。创作者不必过于追求器材完备，可根据实际创作的需求来选择。

以上列举出的“大三元”镜头均为变焦镜头，在拍摄视频时，创作者可以通过转动变焦环来改变焦距，拍摄时能够非常便捷地调整取景范围。相比之下，定焦镜头是只有一个焦段的镜头，但定焦镜头的成像效果通常更为优秀。图3-27展示的是一款85mm的定焦镜头。

图3-27　定焦镜头（85mm）

实战经验笔记

中焦镜头往往是相机的标配镜头，能满足大多数的拍摄需求，而广角镜头和长焦镜头虽然适用的场合较少，但广角镜头所拍摄出的宏大场面，长焦镜头所拍摄出的局部特写，往往能在短视频中起到画龙点睛的效果。

在以方便拍摄、经济实惠为首要目的的前提下，建议短视频创作者选择变焦镜头，如果是以追求画质为首要目的，可以选择一些较常用的定焦镜头。

↘ 3.2.2　录音、灯光

短视频是使用视听语言来表意抒情的。短视频的视觉、听觉效果，直接关系到短视频的成片质量。短视频的成片质量是“细节决定成败”；其中，录音、灯光是短视频创作者不可忽视的内容，也是最容易被新手所忽视的。

1. 录音

短视频的录音效果极为重要。尽管相机通常装有内置话筒（俗称麦克风），但在绝大多数情况下，由于相机和被摄主体往往有一定的距离，收录的声音与环境音混杂在一起，无法得到理想的录音效果。一个优质的短视频往往可能因为录音上的瑕疵，让观众“出戏”。

因此，专业的短视频创作团队需要选用专业的录音设备。

（1）无线拾音器

无线拾音器俗称“小蜜蜂”，收音效果好，使用方便，但缺点是其通过收发信号来拾音，耗电较快，如图3-28所示。

（2）有线拾音设备

有线拾音设备包括图3-29展示的有线领夹话筒，其优点是收声效果好、耗电慢、音质稳定，缺点是拖线太长，不够方便。

图3-28　无线拾音器　　　　图3-29　有线领夹话筒

相机的话筒接口大多为3.5mm插口，图3-28、图3-29所示的两款设备的插口均为3.5mm。但也有部分相机推出了通用配件，在相机上加装图3-30所示的配件，即可在摄像机上接入常用的有线麦克风。

图3-30　可接入摄像机的有线话筒的配件

（3）监看、监听设备

拍摄过程中如果需要录音，建议打开相机的“录音电平”功能（见图3-31），可以实时监看电平跳动的数值，并确保其保持在黄色范围内，不进入红色范围，从而保证音量稳定。同时，创作者应当全程戴着耳机实时监听（见图3-32），只有这样，在出现音质问题时，才能及时发现并立即叫停拍摄、及时调整。

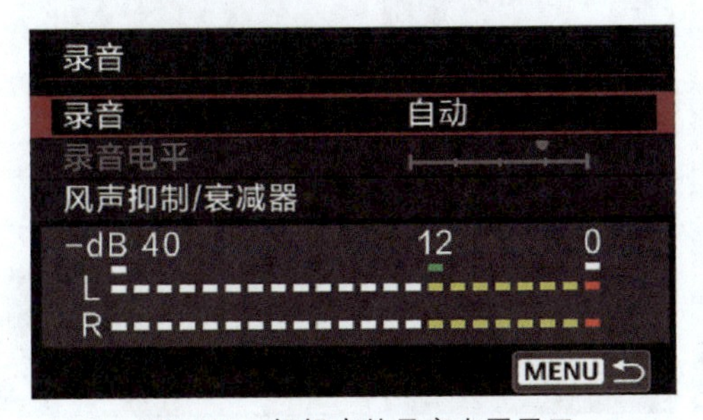

图3-31　相机中的录音电平显示

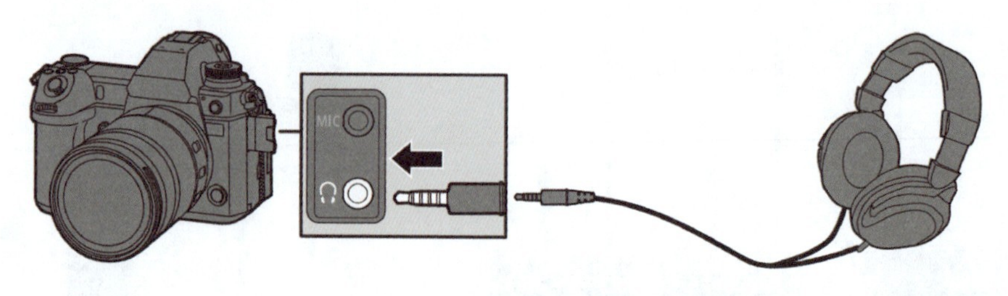

图3-32　相机上的监听插孔

2. 灯光

短视频的拍摄通常对灯光的要求不高，但保证光线充足是必要的，以避免环境过暗影响视频画质。

（1）布光方式

最基础的一种布光方式是三点布光（见图3-33），包括主光、辅助光、轮廓光，可以拍出画面的层次感，例如常规的人物拍摄就可以采用三点布光。

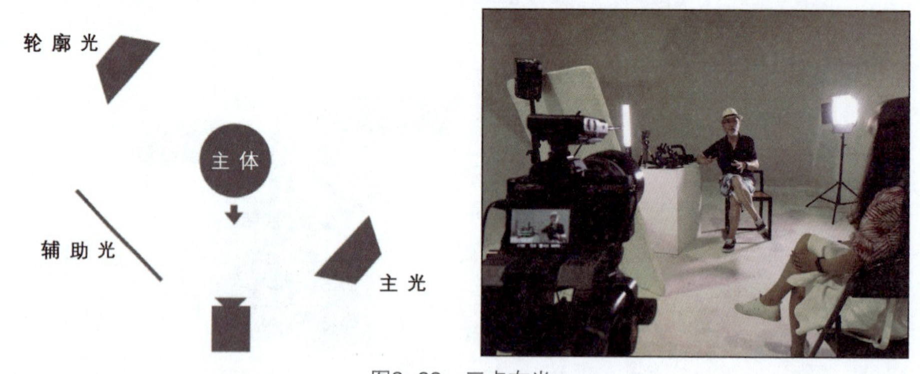

图3-33　三点布光

在短视频的创作过程中，还应当充分利用现场的自然光源以及拍摄场地已有的道具，并可借鉴商业摄影中的用光技巧（见图3-34），为短视频增色。如在人物拍摄中使用伦勃朗式用光、派拉蒙式布光等更有造型感的布光方式，在静物拍摄中使用逆光、侧逆光等，拍出物体的质感。

图3-34　巧妙的布光能为短视频增色

（2）常用设备

① 带柔光箱的摄影灯

短视频的一般照明通常使用带柔光箱的摄影灯，如图3-35所示。柔光箱有四角形、八角形、球形等形状。

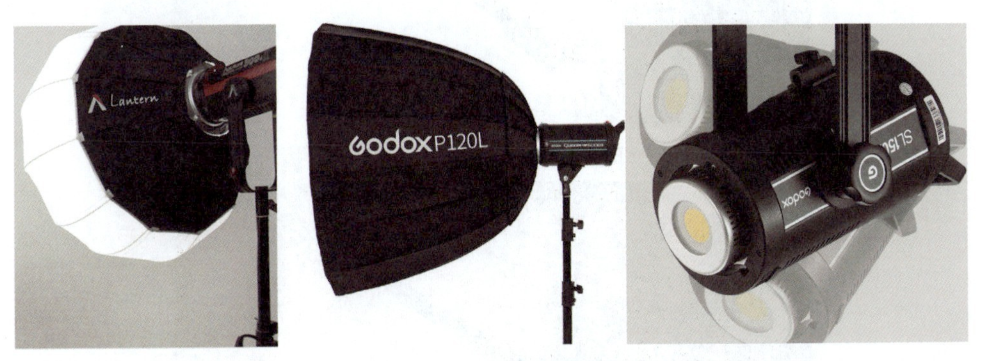

图3-35 带柔光箱的摄影灯

② 影视造型灯

随着MCN机构的大量涌现，一些优质短视频的拍摄开始使用影视行业中常用的造型灯，如红头灯等，特别在国风类的短视频拍摄中使用更多，如图3-36所示。

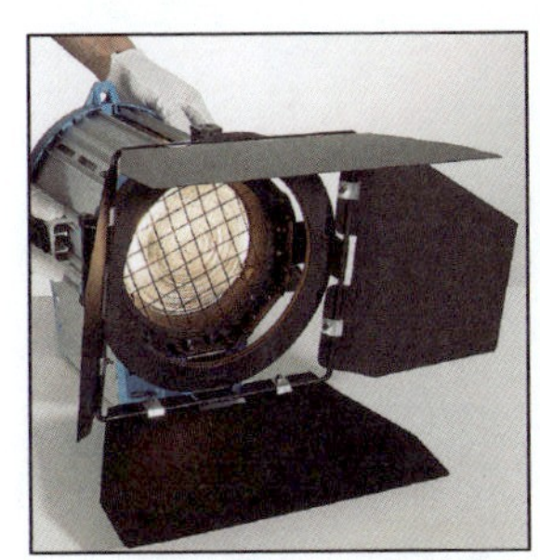

图3-36 影视造型灯及其效果

③ 灯棒

与传统摄影棚使用的大型灯光器材相比，灯棒是短视频摄制中使用起来比较灵活的设备，轻便易携带，既可以手持灯棒拍摄，也可以将几支灯棒架在支架上使用。许多灯棒还可以调出暖光、冷光等不同色温的光线，也是一种造型利器，如图3-37所示。

④ 环形补光灯

除了灯棒，有主播出镜的短视频往往采用环形补光灯为主播补光。这种因短视频行业而生的补光灯，配备了手机架和话筒架，它最大的用处不仅在于补面光，而是制造眼神光，使主播显得“明眸善睐”，如图3-38所示。

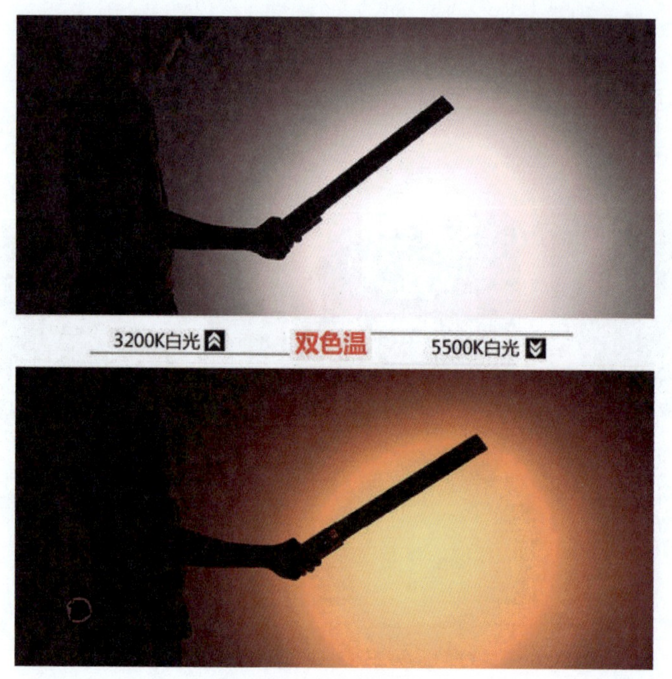

图3-37　灯棒的两种光线

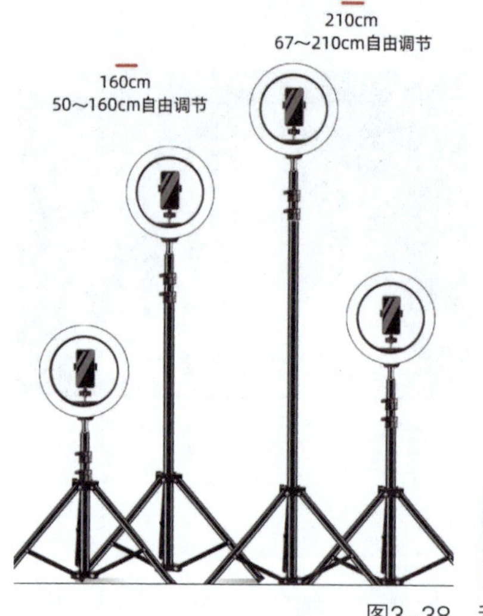

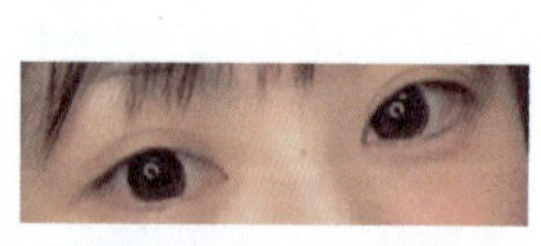

图3-38　利用环形补光灯制造眼神光

↘ 3.2.3　使用相机拍摄的操作步骤和核心要点

使用相机进行短视频拍摄的操作步骤和核心要点如下。

1. 设置视频格式

将相机调整到视频拍摄模式后，首先要设置好拍摄的分辨率、帧率等参数。如果没有特殊要求，推荐采用1080像素×1920像素（竖屏），25帧/秒，MP4格式。传统视频拍摄往往采用MOV格式，MOV格式的文件更有利于后期编辑，但MP4格式具有更高的兼容性，如果后期是在移动端进行编辑，MP4格式的通用性也更强。

2. 调整感光度ISO

创作者应注意相机自动调整出的感光度ISO值，如果过高，可能会影响画质。感光度ISO值过高意味着拍摄场地光线不足，需要补充光线或另选场地。要注意光线是否过于复杂，如高色温的光线与低色温的光线共存。

3. 调整测光模式

相机的测光模式通常有多点测光、中央重点测光、定点、高亮显示重点等，创作者可根据实际拍摄场景的需要进行调整，如图3-39所示。

【◎】（多点测光）	评估整个画面的亮度分布，是曝光最佳的测光方式
【◎】（中央重点测光）	用于测光，以便对画面中心进行对焦的方式
【⊡】（定点）	用于定点测量目标周围极小部件的方式
【⊡*】（高亮显示重点）	测量画面的突出显示部分的方式，可以避免出现白色饱和，适用于舞台拍摄等

图3-39 测光模式

4. 调节白平衡

创作者需要根据实际情况判断是否需要手动调节白平衡，如需要手动调节，可以选择自定义白平衡，通过取景器选择一个纯白色没有图案的物体，手动对焦，按下WB即白平衡键，通过人工调整，确保色彩还原准确。

实战经验笔记

目前，很多相机都带有各种预设的滤镜，能使视频呈现出不同的风格，如电影模式、自然模式等，但建议短视频创作者在前期拍摄过程中不要使用滤镜，避免给后期的视频处理造成困难。前期拍摄色彩正常的画面，后期可以加上滤镜调色。但如果前期已经调色，在后期制作中就很难还原了。

另外，部分相机带有LOG模式，即灰度模式，这是为后期调色准备的。LOG模式配上后期颜色查找表（Look up Table，LUT）调色，可以使不同设备拍出的画面在统一调色后保持色调一致，从而调整出色彩丰富、饱满、有电影质感的画面。

5. 组合光圈与快门速度

根据拍摄的实际需要，创作者需要确定如何进行光圈与快门速度的组合。拍摄运动场景时，可以先使用较快的快门速度，在保持快门速度的前提下，匹配相应的光圈，以确保准确曝光；拍摄夜景、烟火时，则可能需要使用较慢的快门速度，再匹配相应的光圈；拍摄人像等相对固定的画面时，首先要调整到合适的光圈，确保能达到理想的景深效果，再匹配相应的快门速度；根据画面的需要，有时还需要进行曝光补偿，如逆光，或者画面中有大面积的白色，造成人物脸部欠曝等情况。

6. 对焦

目前的相机基本都有自动对焦功能，在相机上对应的设置为AF。很多相机在自动对焦模式下还提供了手动对焦的功能，短视频创作者可以手动选择想要对焦的点或区域，相机可对该点或该区域进行自动对焦。不同型号的相机自动对焦功能所处的位置如图3-40所示。

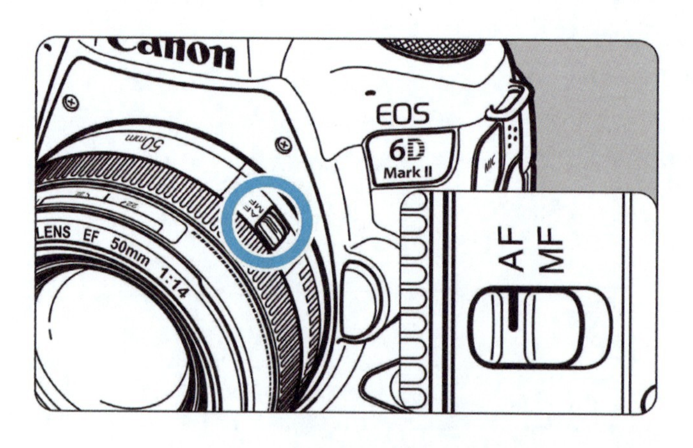

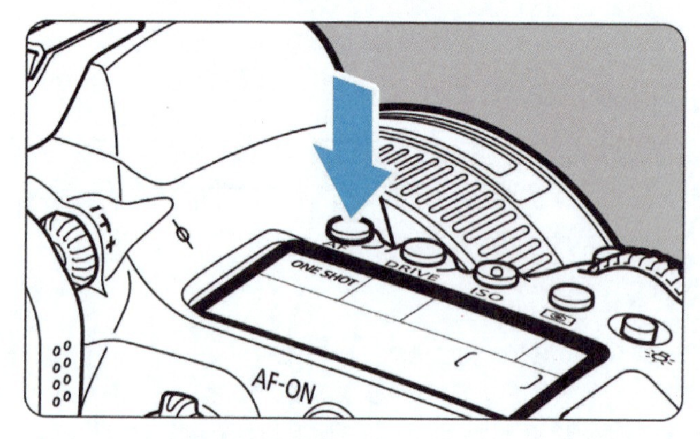

图3-40 不同型号的相机的自动对焦功能所处的位置

实战经验笔记

值得关注的是，一些相机推出了“AI跟焦”功能，相机可根据被摄物体的移动不断调整对焦点，特别是相机能够进行人脸识别，并对人物面部持续自动对焦，这对于短视频创作者来说是非常实用的功能，在前期选择相机时应当纳入选择标准。

全手动对焦模式在相机上对应的设置为MF。在全手动对焦模式下，创作者需要手动转动镜头上的对焦环进行对焦。由于相机显示屏过小，若被摄物体处于运动状态，创作者往往无法及时发现“跑焦”的问题，手动对焦时，建议搭配使用跟焦器、图像监视器。

另外，创作者还需要根据拍摄需要，确定是否使用三脚架或稳定器，来确保所拍摄的画面平稳不晃动；根据拍摄需要，确定是否需要使用外置录音设备收声，是否需要借助其他设备补充光线；根据拍摄需要，确定是否需要使用其他外接装备，如为相机配备监视器、为镜头配备遮光罩等。

↘ 3.2.4 拍摄辅助工具的选择

在使用单反相机进行视频拍摄时，有很多好用的辅助工具可以选择，这些辅助工具能够有效提升拍摄的效果。

1. 三脚架

三脚架在短视频拍摄过程中起到稳定、支撑相机的作用。与摄像机的三脚架相比，相机的三脚架更为轻巧。

实战经验笔记

三脚架的大小和重量要根据单反相机的型号来选择，避免出现相机重、三脚架轻的“头重脚轻”现象。

2. 手持云台

手持云台（见图3-41）在拍摄过程中可起到稳定相机的作用，但与三脚架相比，手持云台主要用于运动镜头的拍摄，如升降镜头、摇镜头等。

图3-41 手持云台

3. 滑轨

滑轨（见图3-42）在拍摄过程中可起到稳定相机的作用，主要用于跟镜头、移镜头的拍摄。虽然它没有云台使用起来那么灵活，但拍摄出的画面稳重、大气，有张力。

图3-42 滑轨

4. 反光板

若将光线直接照在人物面部，往往会使面部显得过于生硬，利用反光板（见图3-43）是很好的选择。反光板能将环境中的其他光线反射到阴影部位，起到较好的补光效果。

图3-43　各类反光板

实战经验笔记

在没有反光板的情况下，短视频创作者也可以利用一切可反光的物体，比如白墙、白门、水光等，给被拍摄主体的暗部补光。

5. 外接监视器

由于相机的显示屏较小，在一些要求较高的短视频拍摄过程中，创作者需要外接更大的屏幕进行画面的实时监看，保证拍摄的质量，主要监看画面的构图、曝光、色彩、对焦等。

随着技术的发展，无线图像传输设备（见图3-44）取代了传统笨重的图像监视器。无线图像传输设备可以将相机的拍摄画面同步传输到手机、平板电脑、计算机等终端，也可以使用多个屏幕进行实时拍摄画面的监看，避免出现“跑焦”、背景穿帮等细节上的差错。

图3-44　无线图像传输装备

另外，一些付费的手机或平板电脑端App，或相机配套的App，也能提供类似的功能，但适用的机型非常有限，需要根据自己的相机机型进行选择。

课后练习题

1. 在短视频拍摄中，相机为何比摄像机更具有优势，请你结合实际创作需求说一说。

2. 不同的镜头在短视频创作中能发挥出怎样的作用？根据你的实际创作需要，你预计配备哪些镜头？

3. 如何从摄制设备的投入上控制短视频的摄制成本？

4. 寻找优质的短视频账号，分析一个好的短视频作品是如何构图、用光、布景的。

第 4 章 短视频的剪辑

【学习目标】

- 了解视频剪辑的基本概念和剪辑规范。
- 掌握使用Premiere编辑视频的基本操作步骤。
- 掌握使用Premiere制作特效、字幕的基本方法。
- 掌握为短视频调色，添加封面、片尾的基本方法。

短视频的创作者只有掌握了视听语言，才能创作出优秀的短视频作品。本章对长镜头、蒙太奇等视频剪辑的基本概念以及剪辑规范进行了阐释。

与其他视频剪辑软件相比，Premiere的最大优点在于其与Adobe公司出品的Photoshop、After Effects等多款软件可以互相调取工程文件，通用性强，同时操作界面较为相似。如果想要专业从事图像编辑、视频编辑、后期制作等工作，掌握Premiere是必备的。本章介绍了Premiere剪辑的基本操作方法和实用的剪辑技巧，可帮助短视频创作者快速上手使用。

4.1 视频剪辑的基本概念

短视频往往由多个画面组成，更符合短视频用户碎片化的观看习惯。短视频用视听语言来叙事表意，短视频创作者如何组织镜头、字幕、音乐，直接决定了成片的质量。从短视频的生产流程来看，这是视频剪辑的内容，但事实上，它是一种编导思维，贯穿了前期策划文案、剧本或分镜头脚本的撰写，中期拍摄，后期剪辑的全过程。优质短视频的创作者在进行视频剪辑时，需要掌握以下概念。

4.1.1 蒙太奇

蒙太奇（法语Montage）则是视频剪辑的艺术。蒙太奇是伴随着电影艺术的诞生而出现的术语，它是指把不同景别、不同角度、以不同方式拍摄的画面重新进行编辑组接。通过蒙太奇，创作者可以用不同的叙事方式呈现相同的故事情节、刻画人物形象，还可以控制视频节奏，形成戏剧张力，烘托氛围、抒发感情。

从影视作品的谋篇布局上来看蒙太奇，其可以分为叙事蒙太奇和表意蒙太奇。

1. 叙事蒙太奇

叙事蒙太奇是指将镜头按逻辑或时间顺序剪辑在一起，从而推动剧情的发展。叙事蒙太奇又可以细分为顺序蒙太奇、颠倒蒙太奇、平行蒙太奇、交叉蒙太奇、复现蒙太奇等，如表4-1所示。

表4-1 叙事蒙太奇的常见分类与含义

分类	含义
顺序蒙太奇	平铺直叙地讲故事
颠倒蒙太奇	用倒叙、插叙讲故事
平行蒙太奇	用两条以上的平行线索讲故事
交叉蒙太奇	用两条以上的交叉线索讲故事，并烘托情绪
复现蒙太奇	往日情境重现，烘托氛围

2. 表意蒙太奇

表意蒙太奇即把一组镜头剪辑在一起，不是为了推动剧情的发展，而是为了表达感情，其常见的分类有4种，如表4-2所示。

表4-2 表意蒙太奇的常见分类与含义

分类	含义
隐喻蒙太奇	通过两个彼此无关的镜头，借此物来比喻彼物
对比蒙太奇	将形成鲜明对比的场景放在一起，形成反差，表达情绪
积累蒙太奇	一个镜头反复出现，用来积累一种情绪
心理蒙太奇	拍摄一些事实中并没有出现的影像来表达人物的内心

在剧情类的短视频作品中，叙事蒙太奇，如顺序蒙太奇、交叉蒙太奇、复现蒙太奇

都是比较常见的，只有平行蒙太奇比较罕见。

表意蒙太奇的应用也不少，如隐喻蒙太奇在短视频中被大量使用，成为短视频创作者玩“梗”的方式，例如在一段人物视频中，突然插入野外的土拨鼠嚎叫的画面来表达主角崩溃的内心，或在一段人物视频中突然插入手机在充电的画面，表示自己重新积蓄能量等，如图4-1所示。积累蒙太奇在短视频中也很常见，例如将同一个镜头反复播放、放大、慢放来进行强调，在视频的结尾将前面已经出现过的关键画面慢放或定格，进行主题的强调并渲染情绪。

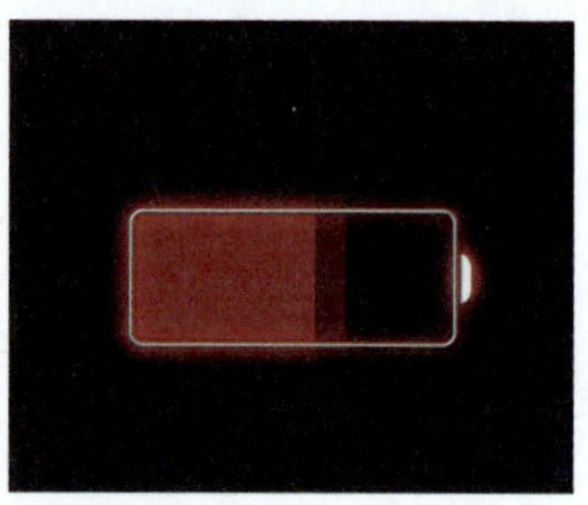

图4-1　隐喻蒙太奇

实战经验笔记

蒙太奇让短视频拥有了艺术魅力，可通过数十个镜头，短短几十秒、三五分钟，就能讲述一个完整的故事，形成几次剧情的反转，调动观众的情绪。

过去一部电影的时长为一个半小时甚至更长，都能一气呵成，令观众目不转睛，而现在有的短视频只有一分钟；却让人没有耐心看完，或是看完后无法理解，原因就是视听语言不够流畅。短视频创作者可以通过学习如何运用蒙太奇来解决这一问题。

4.1.2　转场

转场是指镜头拍摄的一个个场景、即一个个影像片段之间的过渡。转场分为加特效的转场和不加特效的转场。不加特效的转场，即无技巧转场，是非常巧妙的蒙太奇手法。无技巧转场主要分为以下7种。

1．出画、入画转场

镜头的拍摄范围是局限在一个长方形的屏幕中的，有“画框”这一概念。入画指被拍摄的物体从取景范围之外“进入画面”，出画指从取景范围内“走出画面”。在图4-2中，从左到右展示了骑自行车的小人从入画到出画的过程。

图4-2　出画、入画转场

在短视频中，常见的出画、入画转场方式是，被摄物体在前一个场景中出画、在后一个场景中入画，将两个场景组接起来，就表示被摄物体离开一地、到达另一地，而不需要展示从一地去另一地的冗长的路途过程。

2. 两极镜头转场

两极镜头转场指使用镜头在景别上的巨大反差来转场，即使用大特写转场，或者使用远景、全景转场，如图4-3所示。这种“跳切”的方式，通过前后两个镜头的景别的反差，将转场前后的视频做了“段落”的区分，能够使画面从前一个场景、事件跳到另一个场景、事件中去，省略大段无关紧要的过程展示，加快叙事节奏。

图4-3 两极镜头转场

3. 遮挡转场

如果被拍摄物体是纵深运动的，如走向镜头，就可以直接走到挡住镜头的位置，令镜头全黑，俗称“挡黑镜头”，可以利用这个镜头作为转场。如果被拍摄物体是逐渐远离镜头的，也可以用挡黑画面作为该镜头的开头，承接前一个镜头。

4. 相似物体转场

在上一个镜头里出现了一个物体，在下一个镜头里出现了与之相似的物体，从而使得两个镜头能够顺畅地组接到一起，比如前一个场景中有人在看一本书，下一个镜头可以接同样一本书，但换了另一个人在另一个场景中阅读。

实战经验笔记

相似物体转场，不一定非得是相同或相似的物体，也可以是形状或颜色相同的物体。

5. 承接转场

在前一个场景与后一个场景中，有内容或逻辑上的承接关系，比如前一个镜头中人物提到的物品在下一个场景中出现了。

6. 声音转场

在切换镜头之前，将后一个场景的声音插入前一个场景的画面里，即“未见其人，先闻其声”，从而形成镜头的组接逻辑。

7. 运动镜头转场

用作转场的运动镜头既可以是客观展示运动的镜头，也可以是模拟运动物体视角的主观镜头。可以跟随着被拍摄物体运动的空间位移来转场，也可以直接利用镜头的动势转场，比如对着一个静止物体急推镜头，使其对接一个过山车高速向前运动的镜头，就可以迅速过渡到下一个场景中。

实战经验笔记

要注意的是，这些结构性镜头虽然不包含特定的信息，却能起到巧妙连接视频的作用，因此在前期的策划与拍摄中就要提前设计与构思。

4.1.3 剪辑点

短视频创作者要掌握一个镜头究竟应当在什么位置“剪断”，接下一个镜头，这个位置即编辑视频的剪辑点。

1. 动作的剪辑点

当前后两个镜头间有动作的承接关系时，动作的开始点和结束点，或者动作的出现点、消失点，都可以作为剪辑点。比如被拍摄的人物在跳跃，可以选择他落地还没有跳起的那个点作为剪辑点，结束这段画面。当然，这要求在拍摄时，创作者要完整地记录下动作的开始点与结束点，而不能在被拍摄的人物动作尚未结束时停止拍摄。

实战经验笔记

创作者要尽量完整地记录下动作的开始点与结束点，通俗地说，拍摄正在运动的人或事物的时候，“镜头要给得尽量长一些”，以便于后期剪辑。

2. 情绪的剪辑点

有的时候，在一个镜头中，人物该说的话已经说完，或动作已经结束了，但仍然不剪断这个镜头，这是剪辑师刻意“留白”，正如中国山水画中的“留白”，不把整幅画涂得满满的。这种剪辑点的把握，不是依据动作，而是依据情绪，让人物的情绪抒发出来。只有把握好情绪的剪辑点，才能营造出戏剧的效果。

实战经验笔记

有的视频，搞笑的部分不好笑，煽情的部分无法让你动容，该“燃”的部分不够“燃”，排除演员演技的因素，就是情绪的剪辑点没有把握好造成的。短视频创作者只有明确问题的原因，才能有针对性地解决问题。

3. 节奏的剪辑点

节奏的剪辑点即按节奏进行剪辑的位置，最常见的就是“卡点”视频，这也是在抖音上非常流行的一类视频。“卡点”视频所有的剪辑点都在音乐的重音位置上。除此之外，如果一整组镜头的时长完全一样，做不同镜头的快速切换，也能营造出一种节奏感。

讨论题

寻找几部剧情类的短视频，分析其在剪辑中采用了哪些无技巧转场，分别是以什么为依据来设计剪辑点的。

4.1.4 剪辑组接的基本规范

除了上文讲过的剪辑点有一定规则之外，镜头组接也有一些基本规则。

1. 动接动、静接静

镜头组接的规则是运动镜头接运动镜头，固定镜头接固定镜头，即“动接动、静接静”。而问题在于，运动镜头如何与固定镜头衔接？通常在运动开始的位置拍一段起幅，即未运动之前的静止画面，在运动结束的位置拍一段落幅，即运动后的静止画面。这样一来，运动镜头结尾的落幅是静止的，就可以接下一个固定镜头了。

实战经验笔记

拍运动镜头通常要留足起幅与落幅的空间，以便于后期剪辑时与固定镜头组接。

2. 景别组接的“宜”与“忌”

从经验上来说，相隔景别组接起来会更有视觉美感。相隔景别组接指的是远景、全景、中景、近景、特写、大特写这些景别在进行组接时，远景接中景，中景接特写，中间跳过一个景别。

相邻景别也能相接，但通常不会只有两个镜头，而是会有至少3个镜头，比如中景、近景、特写3个景别依次组接，形成前进式蒙太奇，令观众有慢慢走近、逐渐看清的感觉，而特写、近景、中景3个景别依次组接，则形成后退式蒙太奇，令观众产生告别的感觉。

通常相同景别不会组接在一起，如两个中景相接，或两个全景相接，往往会让观众感到画面“跳”、不流畅。剪辑的艺术就是不能让观众感觉到剪辑的痕迹。

3. 镜头成组相接

镜头根据表达的内容，可以分为环境镜头、关系镜头、细节镜头。镜头通常一组一组地拍摄、一组一组地剪辑在一起，即对同一个场景或主体的拍摄，要形成一组景别不同的画面。不要东拍一个镜头，西拍一个镜头，这样组接起来会十分零碎，画面之间也没有逻辑。使用整组镜头能完整地叙事或抒情。

实战经验笔记

新手往往喜欢用“解说词”“配音”来叙事，甚至按文案中的解说词来决定画面剪辑的顺序，这会破坏画面原本的逻辑。

事实上，声画不一定都是一一对应的关系，也可以是逻辑上的有机统一。

短视频创作者要学习用画面中的逻辑来叙事和抒情，用视听语言来表达，不要把视频做成音频配图片的形式。

4. 轴线原则与“越轴”问题

轴线是拍摄中涉及的概念，但轴线的重要性在后期剪辑中才会体现出来。如果前期拍摄时考虑欠妥，没有把握轴线原则，会导致后期剪辑时出现画面“越轴”的问题。

轴线是在拍摄过程中，用以建立画面空间、形成画面空间方向感和被表现主体位置关系的要素，它是摄像师和剪辑师心中应当构建起的一根虚拟的线，而非真实的线。在摄像时，摄像师应当有意识地在轴线的其中一侧摆放摄像机，或安排镜头运动，不要越过轴线，如果“越轴”，即越过轴线拍摄，在后期剪辑时，可能令观众产生视觉逻辑上的混乱。

常见的轴线共分为三种：方向轴线、关系轴线、运动轴线。

（1）方向轴线

方向轴线是指处于相对静止的人物视线与物体间构成的轴线，如图4-4所示，画面中的人物面向左侧，虚线代表虚拟的方向轴线，小方块代表摄像机的位置，摄像机可以摆放在轴线的其中一侧拍摄镜头，后期将这些镜头剪辑在一起时是流畅的、符合逻辑的。

图4-4　方向轴线

如果“越轴”，即越过了这根虚线，在另一侧进行拍摄，并在剪辑时将越轴的画面直接接到一起，那么，轴线一侧的画面，人物是朝左看的，轴线另一侧的画面中的人，则是朝右看的，这样两个越轴镜头直接组接在一起，会让观众理解为此人在“左顾右盼”，或对人物与环境之间的空间关系感到迷惑。

（2）关系轴线

关系轴线是指两个或多个人物对话时站位的关系构成的轴线，如图4-5所示，画面中两人在面对面对话，虚线即虚拟的关系轴线，摄像机摆放在关系轴线的其中一侧拍摄镜头，后期将它们剪辑在一起时、是流畅的、符合逻辑的。

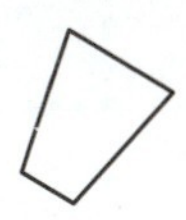

图4-5　关系轴线

在图4-5中，两个人在画面中一左一右，观众能明白两人正在面对面地对话，但如果将两个越轴的镜头直接组接在一起，则会让观众误解为，两人是同时朝着同一个方向，似乎在对着第三个人说话，这会令观众产生逻辑的混乱，如图4-6所示。

图4-6　越轴的画面剪辑易造成观众误解（关系轴线）

（3）运动轴线

运动轴线是指物体运动的方向构成的轴线，如图4-7所示，自行车原本是从画面左边往右边骑行的，但如果直接接了越轴镜头，如图4-8所示，此时自行车先从画面左边向右边骑行，然后又从画面右边往左边骑行，这会让观众误解为小车“走了之后又回来了”。

要解决越轴问题，可以添加过渡镜头，比如特写镜头、全景镜头、“骑轴”镜头，或通过镜头内部、外部的运动，改变轴线等来解决。

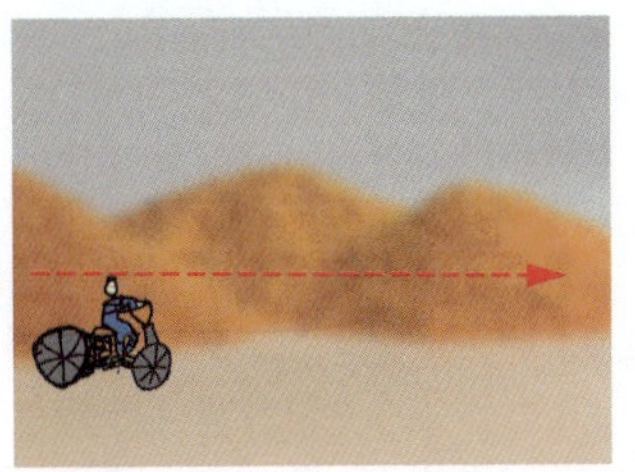
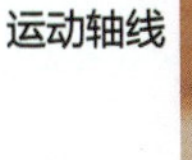

图4-7　运动轴线

图4-8　越轴的画面剪辑易造成观众误解（运动轴线）

实战经验笔记

不越轴是对剪辑而言的，并不是对拍摄而言的。在拍摄时，创作者可以到轴线的另一侧去拍，以丰富画面的角度、景别。但短视频创作者应当知晓，如果前期没有拍摄过渡镜头，后期这些越轴镜头是很难剪辑在一起的。

另外，剪辑不越轴这个规则并不是绝对不变的，比如王家卫、姜文等知名导演，就会根据剧情需要刻意使用越轴镜头，但这样做的目的，是给观众营造出视觉的跳跃感、混乱感。如果不是为了营造混乱感，创作者在剪辑时需要避免越轴。

5. 短视频的节奏

短视频是有节奏的，可分为内容的节奏和观众的心理节奏。内容的节奏主要由所表达的内容、情节和叙事技巧来完成。而观众观看影片时形成的心理节奏，主要靠拍摄和剪辑来完成。

在拍摄过程中，采用运动镜头还是固定镜头、镜头持续的时间长短、镜头运动的快慢、画面的景别、色彩的选择、光线的明暗等都会对短视频的节奏产生影响。在剪辑过程中，不同画面之间如何进行组接，每段画面的时长、配音、配乐、音效等都能对节奏产生影响。

实战经验笔记

明亮的光线、暖色调、画面的时长短，配音和配乐的节奏快、音效密集，都会让短视频的节奏快起来，这是较易理解的。

需要注意的是，并不是运动镜头越多，短视频的节奏就越快。运动镜头的时长通常较长，节奏也因此被拖慢了，而时长很短的运动镜头容易造成观众视觉疲劳、眩晕。将多个固定镜头组接在一起，控制时长，或配上欢快的音乐，短视频的节奏反而会更欢快。

讨论题

分组寻找几部剧情类的短视频，以本章学习的剪辑技巧与剪辑规范为指导，看看你能否发现这些短视频在剪辑上的优点与瑕疵。

4.2 剪辑软件Premiere的使用

目前较专业、较为通用的PC端视频剪辑软件当属Premiere，简称PR。作为Adobe公司的重要产品，PR和图片处理软件Photoshop（即PS）、影视特效软件After Effects（即AE）等软件（见图4-9）的界面和操作逻辑非常相似。掌握其中一款软件，很容易触类旁通，而且这些软件之间可以互相调用工程文件，通用性很强，因此推荐专业从事短视频摄制的创作者使用。本书以Premiere 2020为例，介绍软件的使用方法。

图4-9　Adobe公司出品的系列软件

4.2.1 视频剪辑的基本操作

本节以剪辑一段短视频的流程为例，介绍使用PR剪辑视频的入门操作。

1. 新建项目

启动PR后，执行“文件”|“新建”|“项目”命令，在弹出的“新建项目”对话框中为项目命名，单击“浏览”按钮，选择项目的存储位置，单击“确定”按钮，完成项目的新建，如图4-10所示。

图4-10　新建项目

实战经验笔记

新项目的名称建议设定为“项目名称+建立时的年、月、日+描述”，因为一个视频项目需要修改很多次，加入时间和简单描述，便于后期查找、整理、归类。

2. 调整面板布局

在开始视频剪辑之前，建议将面板布局调整为便于创作者自己高效工作的样式。

调整面板布局有两种方式：一是单击上方菜单栏中的“窗口”按钮，在弹出的列表中勾选出自己需要的工作面板，如图4-11所示；二是关闭自己暂时不需要的面板，在该面板标题处右击，在弹出的快捷菜单中选择“关闭面板”，如图4-12所示。

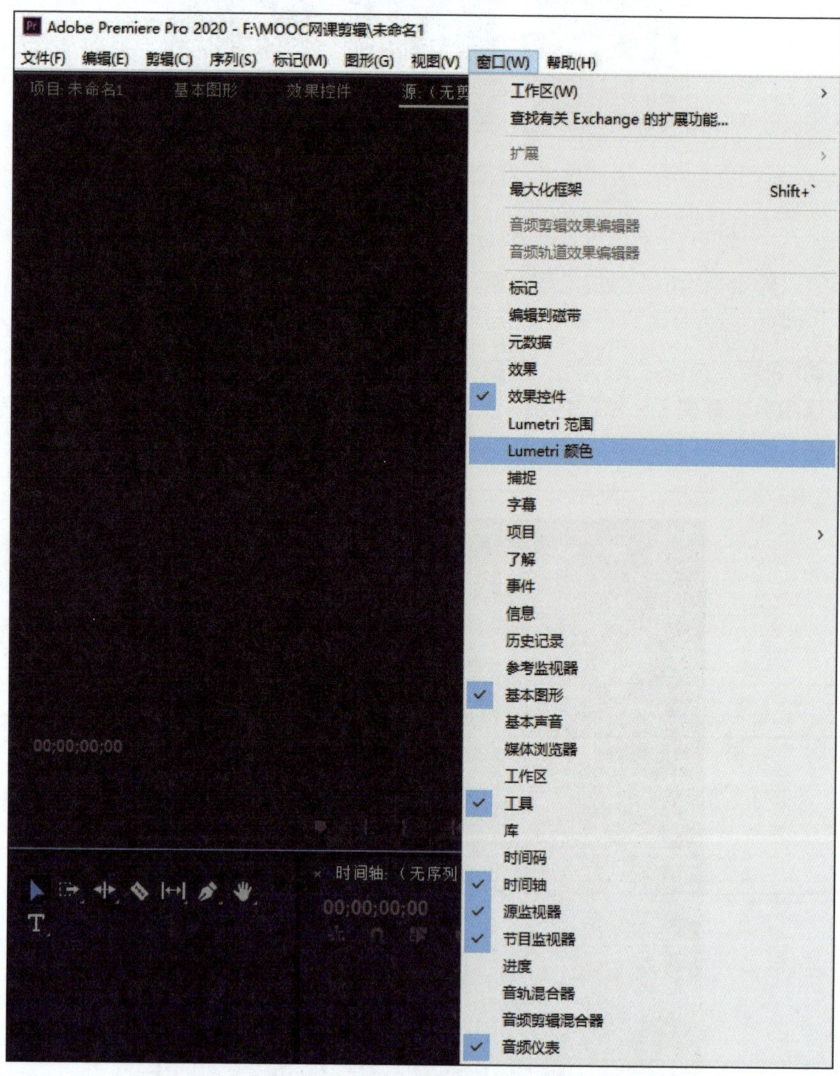

图4-11 勾选需要的工作面板

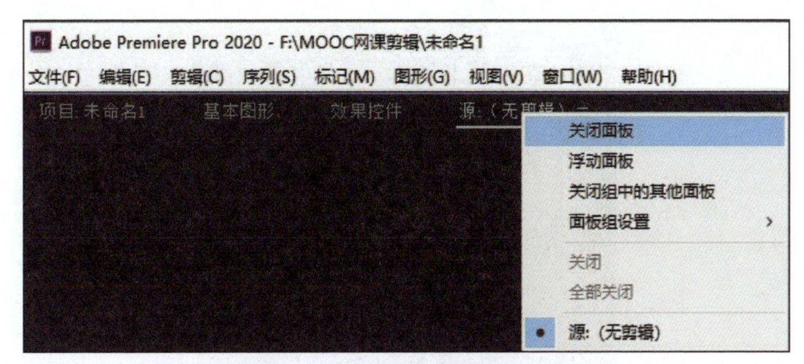

图4-12　关闭不需要的面板

此外，已经打开的面板是可以自由移动的。移动的方法是，选中一个面板，直接将其拖曳到想要移动的位置。图4-13中，蓝色区块是面板移动后的位置，拖曳后松开鼠标面板将被放置在此位置。

图4-13　移动面板

3. 导入视频素材

执行“文件”|“导入”命令即可导入原始的视频素材。更简单的方法是，打开视频素材所在的文件夹，选中需要导入的素材，直接将其拖曳到“项目”面板中的“导入媒体以开始”处，如图4-14所示。

实战经验笔记

建议在“项目”面板下新建多个素材箱，对不同的视频素材进行归类整理，例如“外景拍摄”“室内拍摄”“航拍”等，将不同的视频素材放入相应的素材箱，并建议对每个素材重命名。这些看似可有可无的归类整理工作，对后期提高工作效率大有益处。新建素材箱的方法是，将鼠标指针移至“导入媒体以开始”处，单击鼠标右键并在弹出的快捷菜单中选择“新建素材箱”，再将素材放入素材箱。

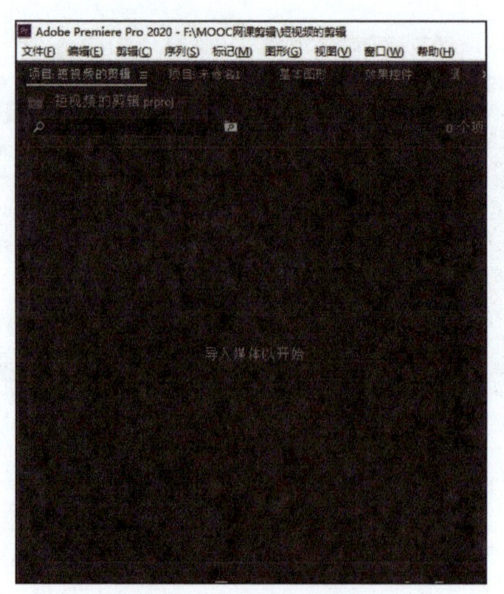

图4-14　导入视频素材

4. 新建序列

选中视频素材，将该素材从“项目”面板拖曳到“时间轴”中，此时“时间轴”面板上会自动生成新的序列（见图4-15）。这种方法使得新建序列的格式与所拍摄的视频素材的格式完全一致，有效地避免了因为格式设置错误而造成的各种问题。

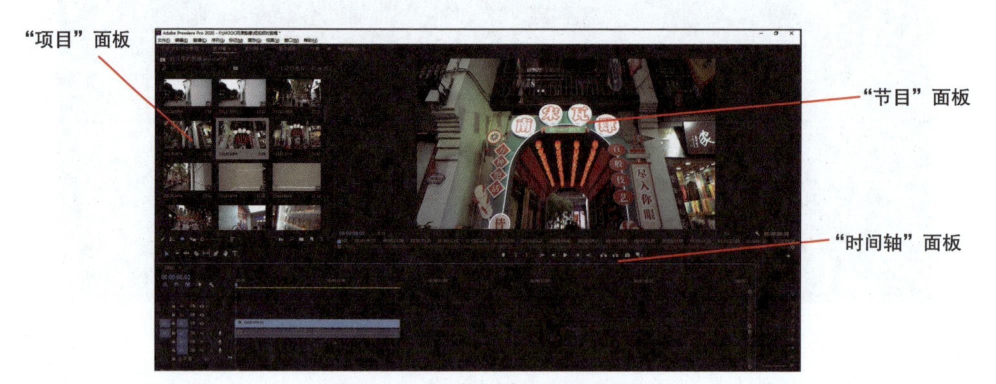

图4-15　新建序列后的界面布局

实战经验笔记

如果两台机器拍摄了分辨率不同的素材，在将其分别导入“时间轴”时，需要重新调整其中一台机器所拍摄的素材的画面大小或比例。如果原视频素材的画面太小，剪辑时不得不放大画面，这显然会使画质受到严重影响。所以在前期拍摄时，务必要注意相机参数的设置等细节问题。

在“时间轴”面板新建序列后，“时间轴”面板的视频内容将呈现在“节目”面板中。单击“节目”面板最下方的“播放”按钮■（或按空格键），即可预览“时间轴”面板上剪辑后的画面。

5. 编辑视频素材

编辑视频素材最常用的是“工具”面板，如图4-16所示。其中，“剃刀”按钮■，

“选择”按钮，“向前选择轨道”按钮这3个按钮最常用。

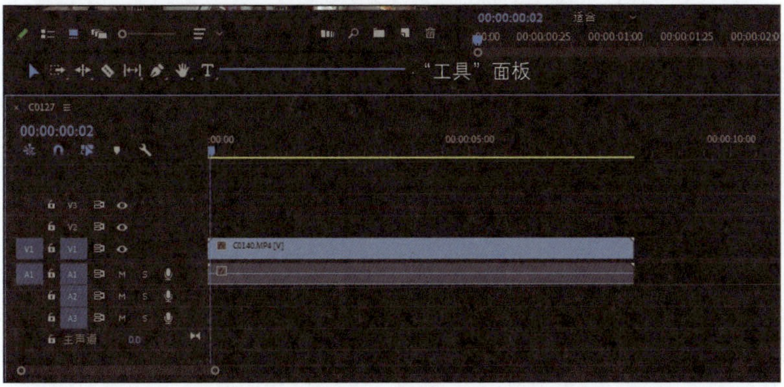

图4-16　“工具”面板

创作者往往需要对视频素材进行精剪，掐头去尾，只保留中间最精彩的几秒。操作方法是，首先单击“剃刀”按钮，随后单击“时间轴”中的视频素材要切割的位置，将该视频素材切成两段，再单击“选择”按钮，随后单击想要删除的视频素材，按“Delete”键删除。

调整镜头位置的操作方法是，单击“选择”按钮，随后选中其中一段素材，直接将其拖曳到“时间轴”上的另一个位置。

创作者往往需要选中一整段视频素材，在“时间轴”上将其整体向前移动或向后移动，如果一个一个地选择并调整素材，操作起来非常不方便。单击“向前选择轨道”按钮，再单击其中一段素材，就可同时选中该素材之后的所有素材，以便做下一步的编辑。

大部分的短视频并不涉及画面特效或转场特效，只需要掌握PR工具栏中这几个功能，就已经能完成短视频的制作了。

6. 输出成片

在“节目监视器”面板中单击“标记入点”“标记出点”按钮，可分别在“时间轴”中已经完成的视频素材上标记入点与出点（见图4-17），即确定短视频的开头与结尾。此时可以看到，“时间轴”上方标记了一段加灰的部分（见图4-18），即为要输出的视频内容。

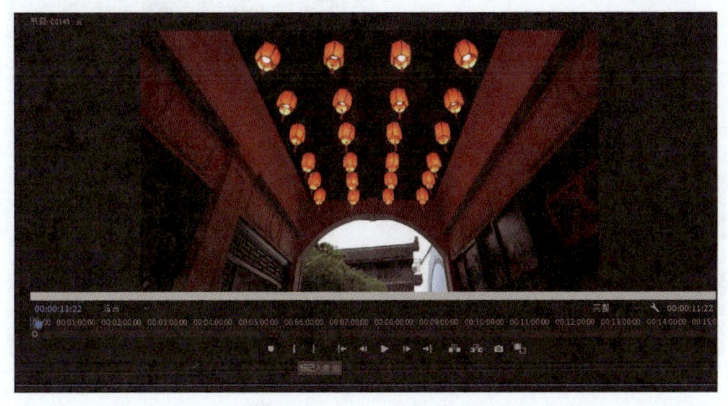

图4-17　标记出入点

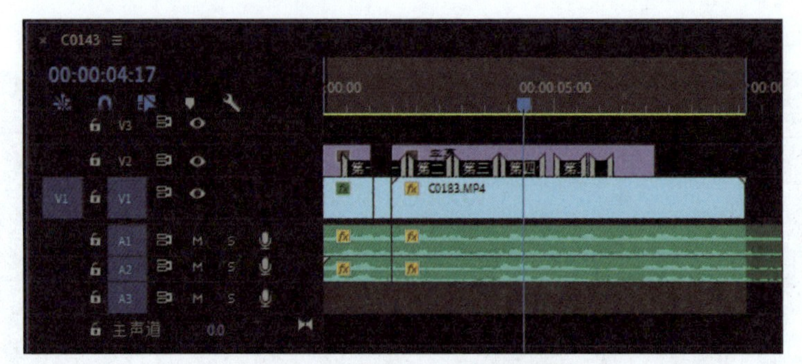

图4-18　标记出入点的效果

执行“文件”|“导出”|“媒体”命令（见图4-19），在弹出的列表中设置视频的导出格式。一般选择H.264高清的MP4格式，单击“输出名称”的蓝色字体部分，可对输出名称和存储位置进行设置，检查视频的像素、长宽比设置是否正确，通常使用高比特率和最高渲染质量，单击“导出”按钮即可输出成片，如图4-20所示。

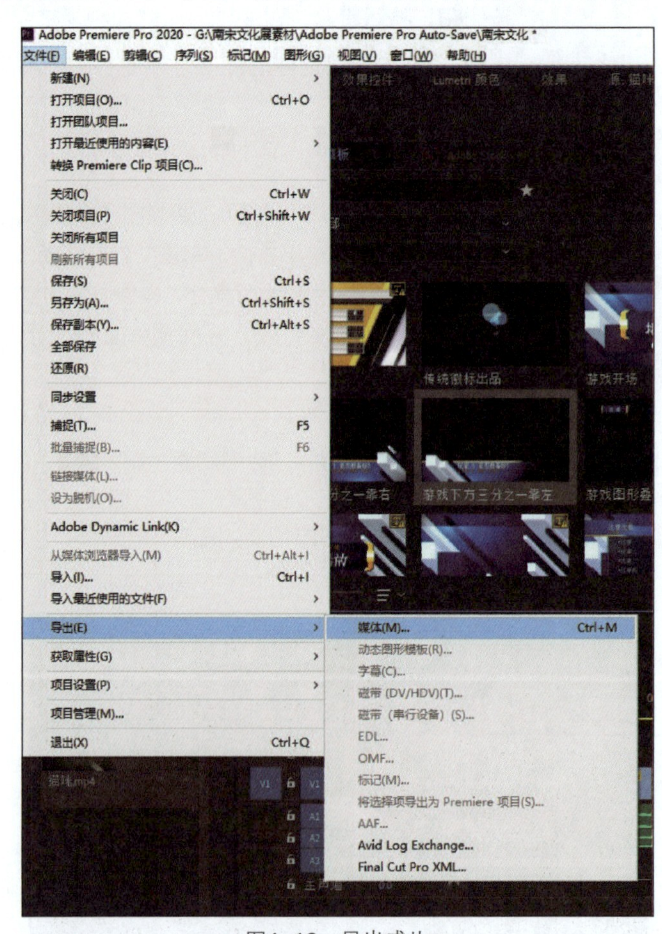

图4-19　导出成片

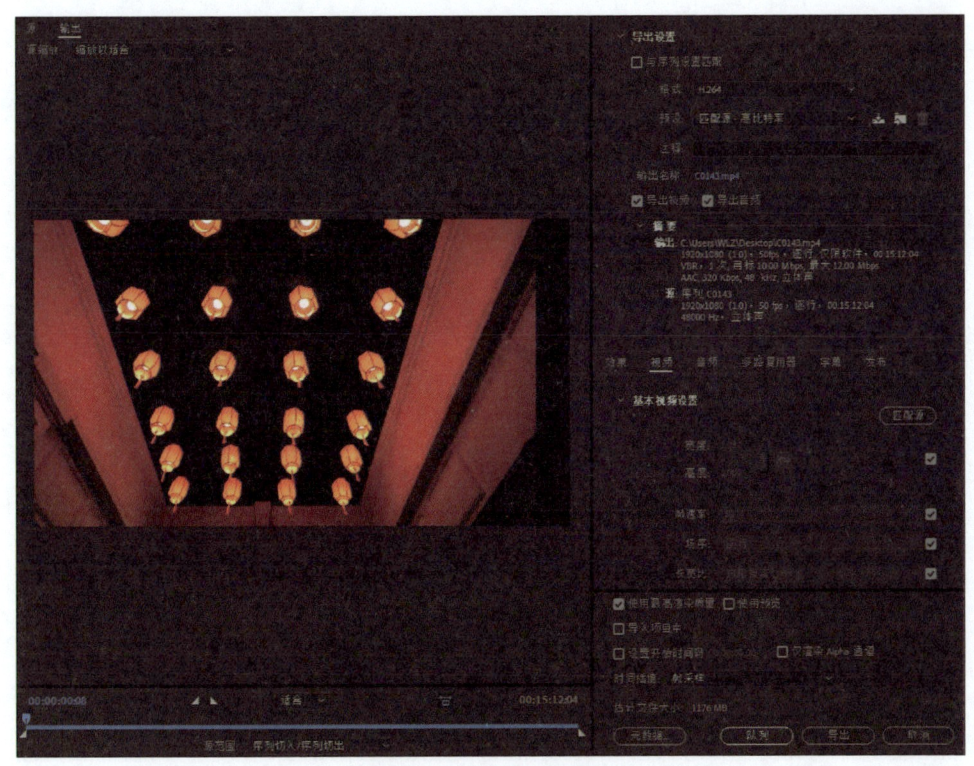

图4-20　导出格式的设置

如果发布的平台对视频的文件大小有限制，可在“预设”一栏中选择中低比特率来限制视频文件的大小，虽然画质会略有降低，但日常肉眼基本感觉不到区别。

↘ 4.2.2　音频的编辑

短视频中的音频既包括视频中的原音频，也包括配的音乐、音效。

实战经验笔记

配乐是为短视频主题服务的，要避免出现无意义的歌词，也要避免选曲所表达的主题与画面主题无关，还要避免从头到尾使用一整首音乐，缺乏情绪起伏。特别要注意的是版权问题，如果短视频用于商业推广，要避免侵权。

1．导入音频素材

音频素材的导入方式与导入视频素材相同，首先将音频素材拖曳至“素材箱”中，再将其拖曳到“时间轴”上即可。唯一的区别是，视频素材是在V轨（即Video视频轨道）中，而音频素材是在A轨（即Audio音频轨道）中，如图4-21所示。

2．将视频素材中的音频分离出来

如果原视频素材中录有声音，则音频轨道前的“A1”按钮默认为蓝色，当拖曳视频素材进入“时间轴”面板时，画面会与音频同步进入“时间轴”。但如果在剪辑时并不需要所录入的声音，创作者可以单击“A1”按钮，使“A1”按钮从蓝色变为灰色，此时将素材拖曳至“时间轴”，只有视频中的画面进入了“V1”视频轨道，没有音频（见图4-22）。同理，单击“V1”按钮，“V1”按钮从蓝色变为灰色，将素材拖曳至“时间轴”，就只有音频进入了“A1”音频轨道，没有画面。

图4-21　添加音频

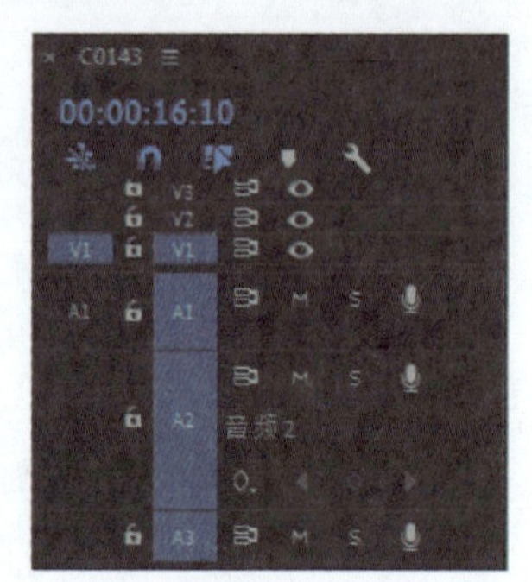

图4-22　将视频中的音频分离出来

另一种情况是，画面和音频同时导入“时间轴”后，默认是链接在一起的，如果要删掉其中一段音频，但需要保留画面，则需要先取消画面和音频二者之间的链接。具体操作方法是，在该素材上单击鼠标右键，在弹出的快捷菜单中单击“取消链接”选项（见图4-23），则画面和音频不再链接，创作者此时可以单独编辑画面或音频。

如果需要重新建立链接，只需要选中相应素材单击鼠标右键，在弹出的快捷菜单中单击“链接”选项即可。也可以单击“编组”选项，把几段画面、音频组合在一起。

3. 音频的基本剪辑

音频的剪辑方式与视频的剪辑方式相同，此处不再赘述。

音乐不宜盖过对白或配音，因此通常需要做音量调节。最简单的一种方法是，在相应的音频素材上单击鼠标右键，在弹出的快捷菜单中单击“音频增益”选项来调整音量。

更直观的一种方法是，放大音频轨道，可以看到音频轨道的右侧有一条表示音量高低的横线，用鼠标指针上下拖动横线，即可调节音量，如图4-24所示。

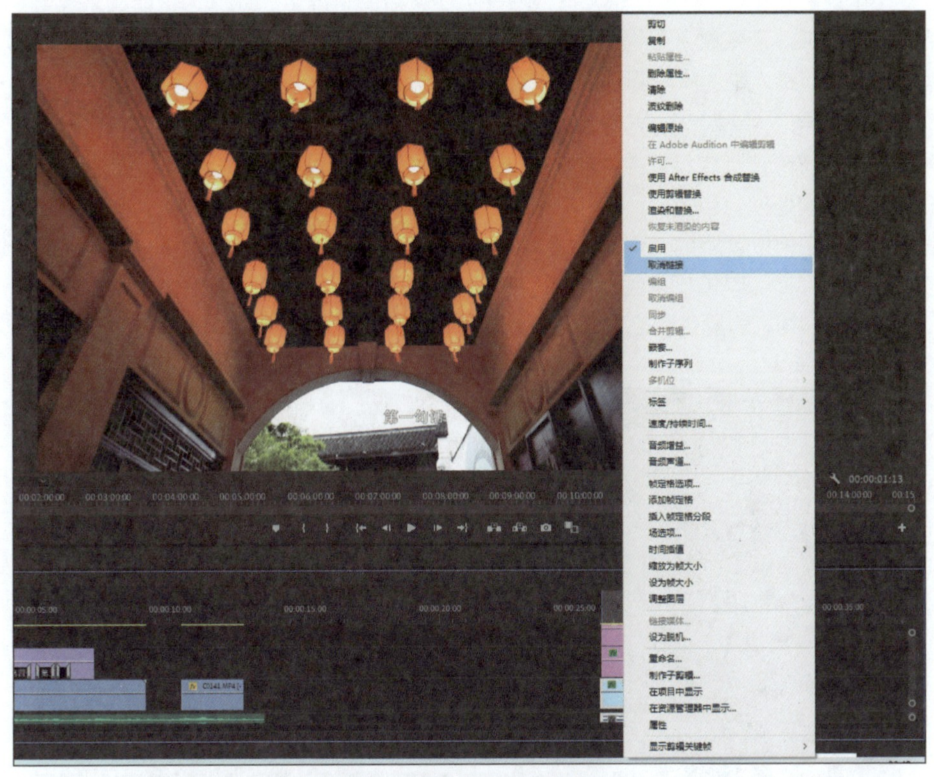

图4-23　画面和音频“取消链接”

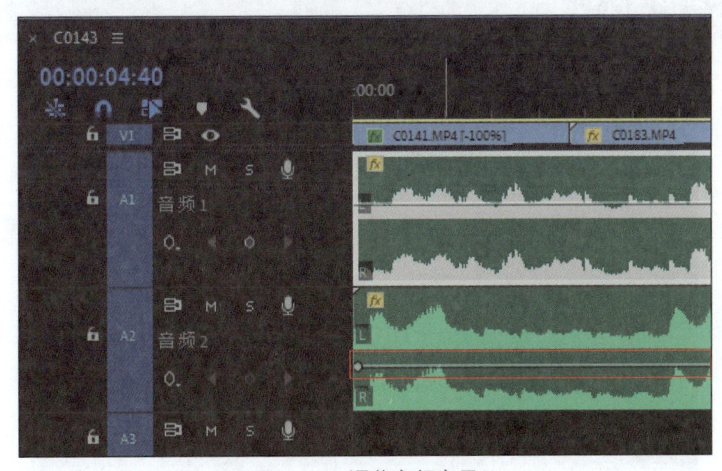

图4-24　调节音频音量

实战经验笔记

从经验来看，建议配乐的音量是原素材中的现场声音、同期声、后期解说的音量的一半。

如果一个视频既有配音，又添加了音乐、音效，通常会将配音集中在一条音频轨道上，如作为“音频1”，将音乐、音效放在另一条音频轨道上，如作为“音频2”，这样就可以将音乐、音效融入配音当中，形成“双声道”。恰到好处的音乐与音效可以较好地调节视频节奏，是优质短视频中画龙点睛的元素。

4. 使用“关键帧”调节音量

要对一整段音频素材的多个位置做音量调节，则需要给音频添加“关键帧”，以便于做更精细的处理。单击“添加-移除关键帧”按钮，如图4-25所示，在音频轨道上单击，即可在当前位置添加一个“关键帧”。添加多个“关键帧”，如图4-26所示。每个“关键帧”都是可以进行音频音量调节的一个点，创作者可以直接在关键帧上拖动代表音量大小的横线，音量也随之变化。

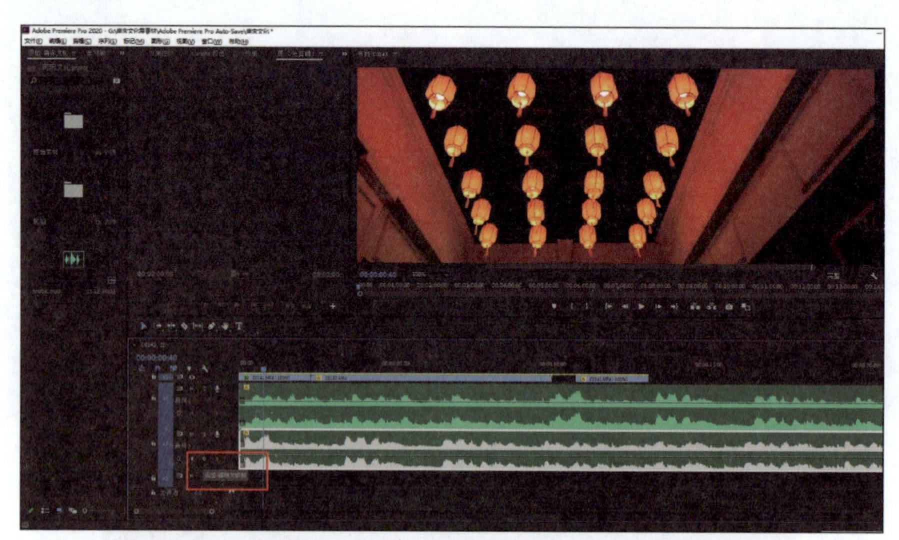

图4-25 “添加-移除关键帧”按钮

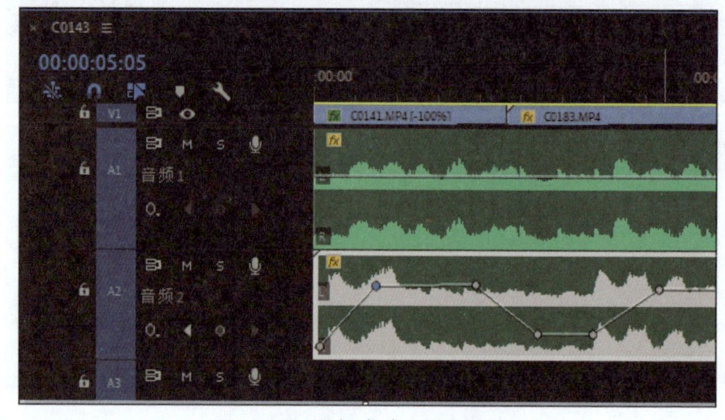

图4-26 添加多个“关键帧”

思考题

“关键帧”是剪辑中非常常用的功能。你能否举一反三，在剪辑视频时利用“关键帧”做出更丰富的特效？在PR中尝试一下。

实战经验笔记

常用的PR快捷键

英文模式下，按以下键盘键可以实现功能切换。

C：“剃刀”功能

V：“移动”功能

A：“向前选择”功能

T：“文字”功能

I：“标记入点”功能

O：“标记出点”功能

Delete：删除功能

Ctrl+Z：撤销功能

Ctrl+A：全选功能

Ctrl+C：复制素材/素材属性功能

Ctrl+V：粘贴功能

Ctrl+Alt+V：将复制的素材属性粘贴到当前素材中

+、-：时间拉伸与缩放

空格键：“播放”或“停止”

↑：到前一段素材的结尾

↓：到后一段素材的开头

4.3 使用Premiere制作特效与字幕

PR提供了比较丰富的制作特效与字幕功能，创作者既可以简单套用各类特效、字幕模板，也可以在原有模板的基础上进一步创作。

4.3.1 转场特效的制作方法

本节介绍的是如何制作转场特效，即利用PR为转场添加特效。

1. 添加转场特效

执行“窗口”|“效果”命令，在“效果”面板中打开“视频过渡”（见图4-27）。选择想要的视频过渡效果，直接将其拖曳到两个画面的组接位置即可，如图4-28所示。

其中，“溶解”中的“交叉溶解”“黑场过渡”，“页面剥落”中的“翻页”都是比较常用的转场特效。

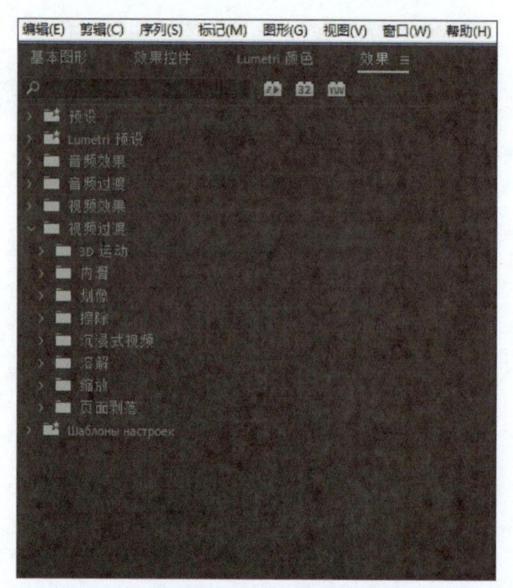

图4-27　选择转场特效

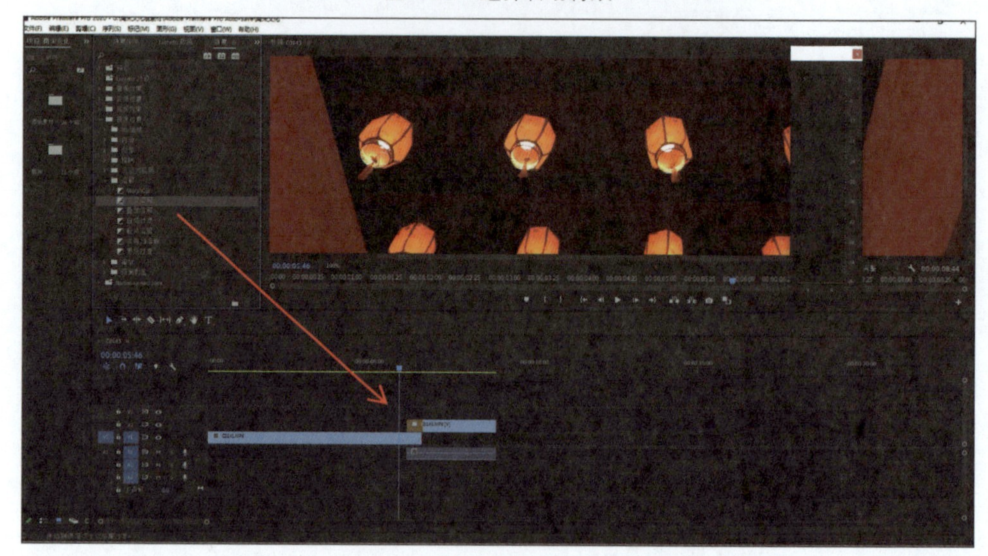

图4-28　将相应的转场特效拖入两幅画面的组接位置

2．调整特效效果

PR为创作者提供了进一步调整特效效果的面板——“效果控件”。以“翻页”特效为例，其默认是从左向右翻页，如果想要调整为从右向左翻页，可以双击“时间轴”中视频素材上已经添加特效的位置，在“效果控件”面板中，单击左上角A/B小方块四周的三角形，即可选择翻页的起始位置（见图4-29）。

对其他特效做进一步调整的方法同理。

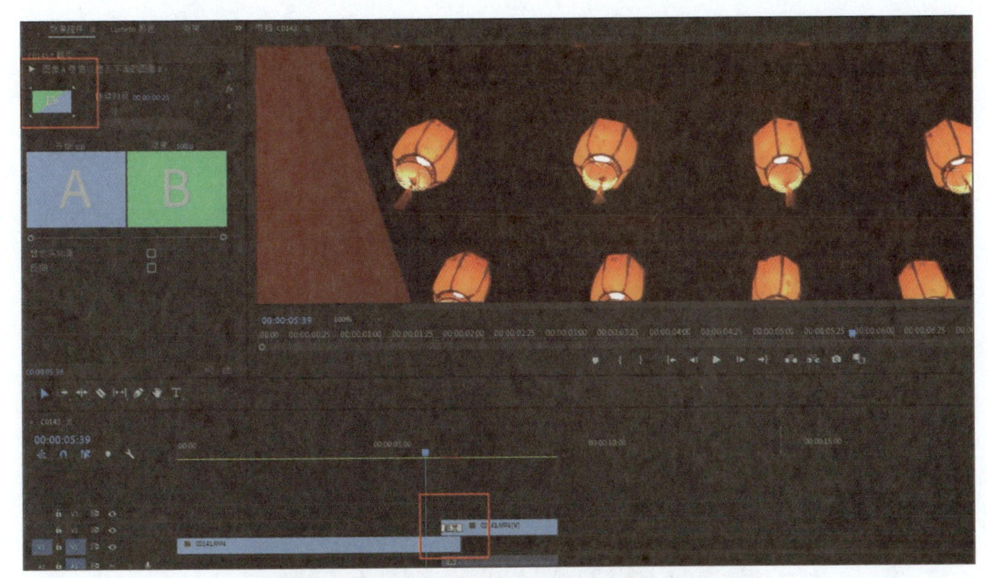

图4-29　进一步调整特效效果

3. 删除转场特效

如果要删除已经添加的转场特效，可以将鼠标指针移至“时间轴”中视频素材上已经添加特效的位置，单击鼠标右键，在弹出的快捷菜单中选择“清除”选项即可（见图4-30）。需要注意的是，这一步操作中并不是选中素材，而是选中素材添加特效的位置。

操作时可以使用快捷键“Ctrl+Z”撤销前一步操作。

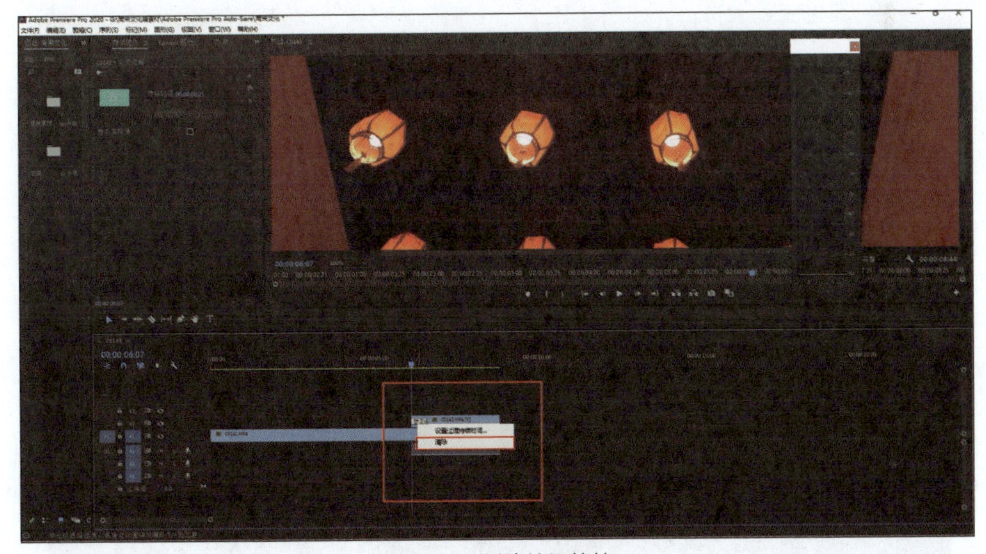

图4-30　删除转场特效

4.3.2 视频画面特效的制作方法

有时候我们要对视频的画面做一些调整，即添加视频画面特效，其方法与添加转场特效类似。

1. 添加视频画面特效

执行“窗口”|“效果”命令，在“效果”面板中单击“视频效果”，如图4-31所示，选择需要的视频特效，直接将其拖曳到要调整的素材之上即可。

图4-31　选择视频画面特效

以制作一个虚化的画面为例。执行“视频效果”|“模糊与锐化”|“高斯模糊”命令，直接将其拖曳到素材上，如图4-32所示，此时素材上的fx的底色变化了，表示特效已经生效。

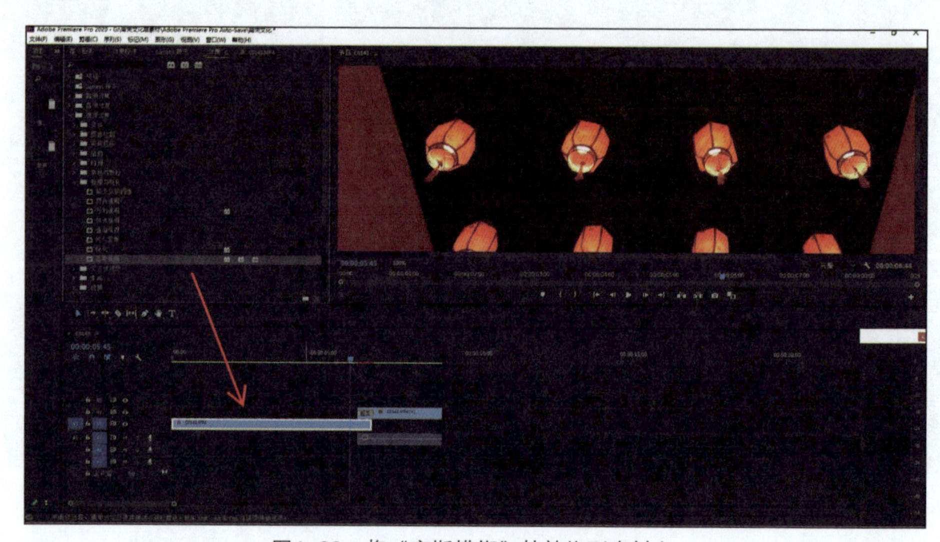

图4-32　将“高斯模糊”特效拖到素材上

随后在“效果控件”面板（见图4-33）中选择“高斯模糊”，将“模糊度”的数值从“0.0”修改为其他数值，即可调整画面的模糊度。

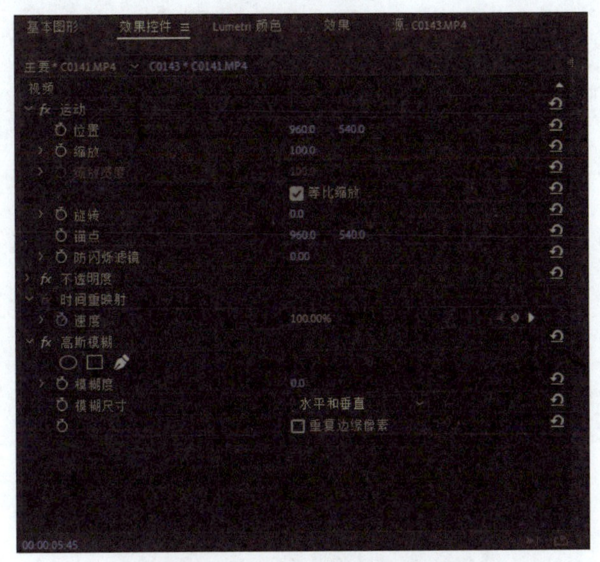

图4-33　调整“模糊度”数值

在图4-34中可以看到，调整模糊度之后，画面中的灯笼产生虚化的效果。

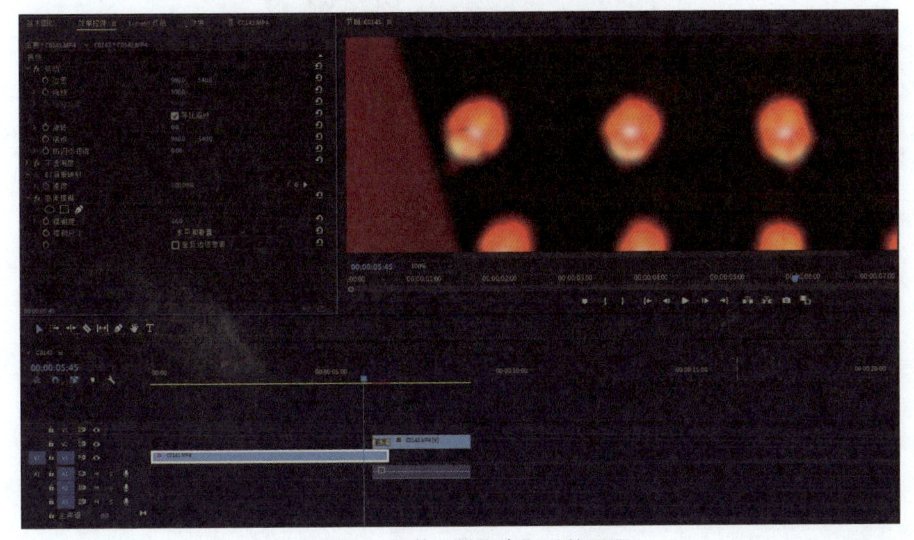
图4-34　调整“模糊度”后的画面

2. 删除视频画面特效

如果要删除视频画面特效，可以选中这段素材，单击鼠标右键，在弹出的快捷菜单中选择“删除属性”选项（见图4-35），然后在弹出的对话框中勾选要删除的特效即可（见图4-36）。操作时可以使用快捷键“Ctrl+Z”撤销前一步的操作。

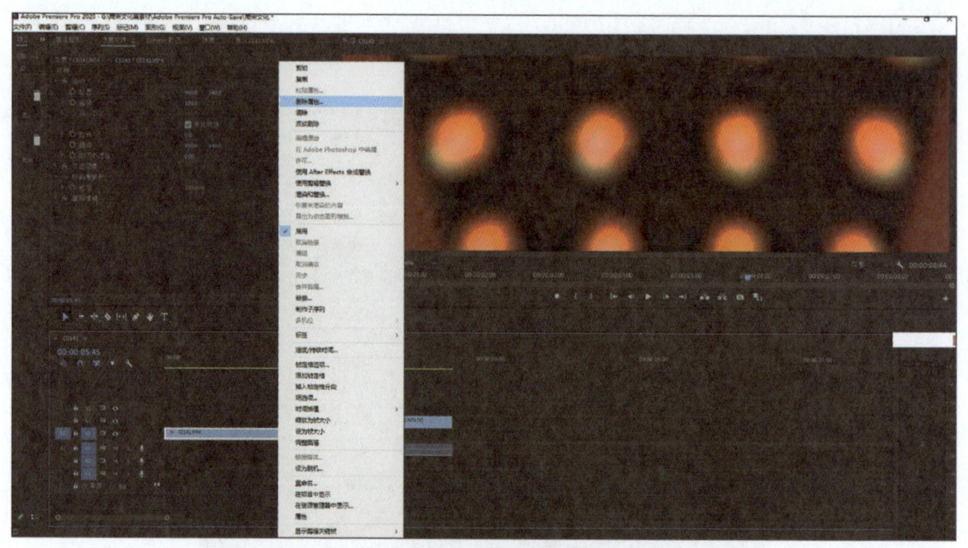

图4-35　删除画面特效

图4-36　删除“高斯模糊”特效

在“效果控件”面板中单击每个特效前面的，可以进入“关键帧”编辑页面，利用“关键帧”功能，我们可以制作出更丰富的视频画面特效。

3. 批量添加视频画面特效

如果要为多个视频画面添加同样的特效，可以使用快捷键“Ctrl+C”复制已经添加画面特效的视频，随后选中其他多个视频，单击鼠标右键，在弹出的快捷菜单中选择“粘贴属性”选项，然后在弹出的对话框中单击需要粘贴的属性即可。

4.3.3 画幅大小、位置、透明度、速度的调整

PR还可以对视频素材的画幅大小、位置、透明度、速度进行调整。执行“窗口”|“效果控制”|“fx运动”命令，“fx运动”中包含了“位置”“缩放”“缩放宽度”“旋转”“锚点”“防闪烁滤镜”等参数，如图4-37所示。

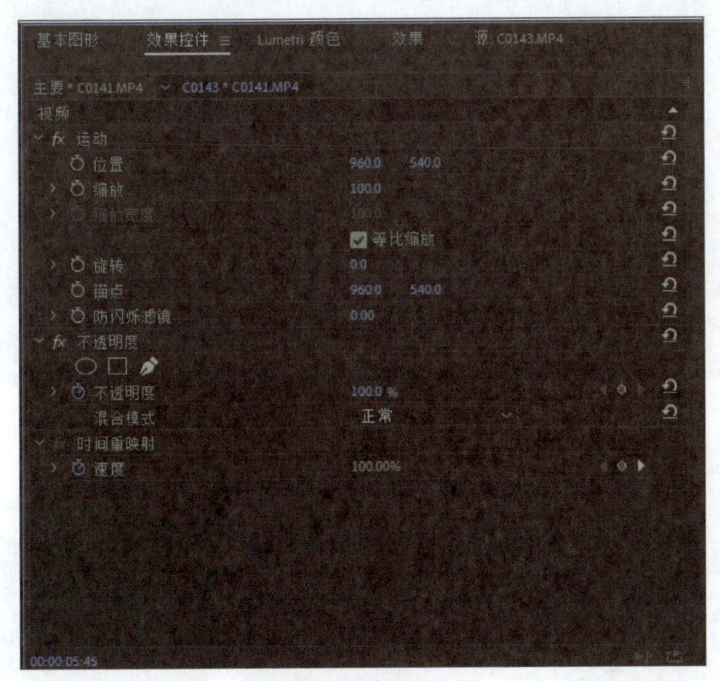

图4-37 打开“fx运动”

1. 调整画幅大小与位置

执行“效果控件”|“fx运动”|“缩放”命令，将数值调大或者调小，即可调整画幅大小。

要调整画面位置，则执行“效果控制”|“fx运动”|“位置”命令，修改横、纵坐标的值。

以制作“双视窗”效果为例，将两个视频素材上下叠放在“时间轴”中的V1和V2轨道中，并分别调整两个视频素材的“位置”与“缩放”数值，即可得到想要的效果，如图4-38所示。

2. 快放、慢放与倒放

要让一段视频素材“快放”或“慢放”，具体的操作方法是，选中该素材并单击鼠标右键，在弹出的快捷菜单中选择“速度/持续时间”选项，在弹出的对话框中修改速度的数值即可，如图4-39所示。在该数值前加上负号，变为“-100%”，即是“倒放”的效果。

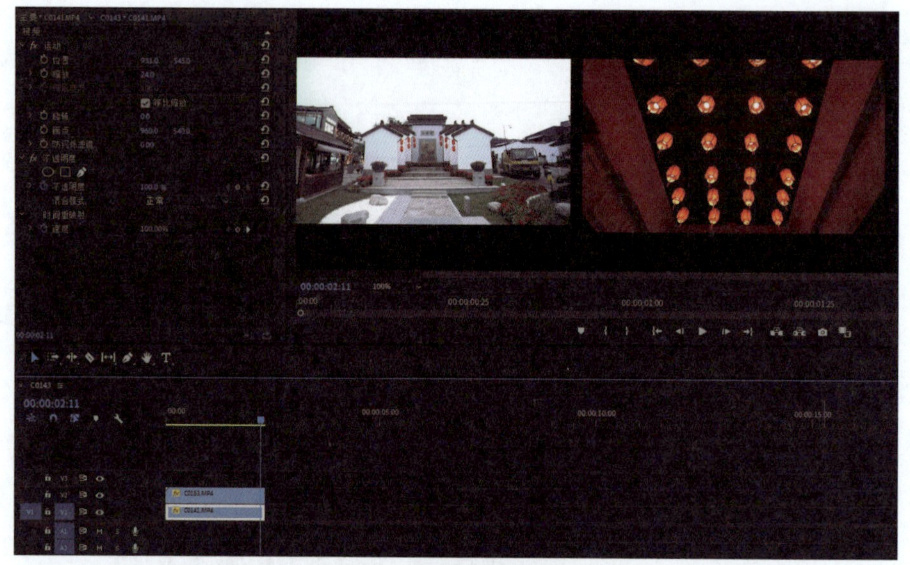

图4-38　制作“双视窗”效果

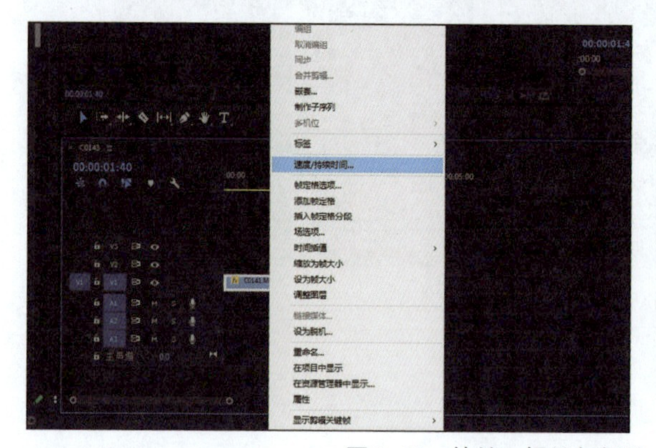

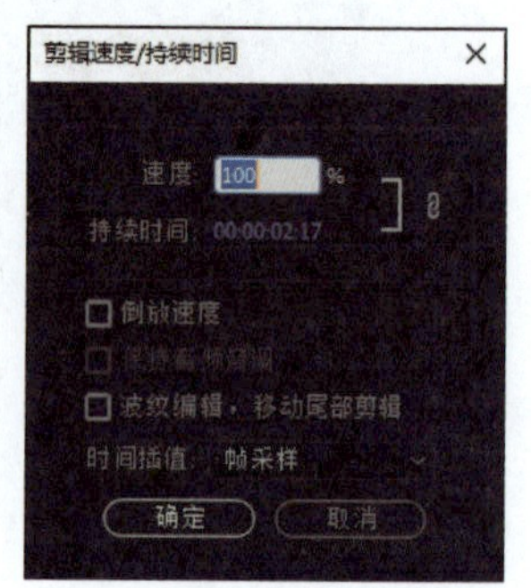

图4-39　快放、慢放与倒放

4.3.4　字幕的制作

制作字幕既可以直接使用PR提供的字幕模板，也可以自己创建字幕。通常字幕有标题字幕和台词字幕两类，它们是使用不同的方法创建的。

1. 使用字幕模板

2020版PR提供了较多具有动态效果的字幕模板，也为创作者提供了从外部导入其他动态字幕模板的入口。调用字幕模板的方法是，执行“窗口”|“基本图形”命令，可以看到PR提供了很多新闻、体育节目中常用的字幕模板，如图4-40所示。

直接将字幕模板拖曳到“时间轴”面板上，将其添加到视频素材轨道（V1轨道）的上一层轨道（V2轨道），即可为视频素材叠加一层文字（见图4-41）。在“基本图形”的“编辑”面板中，可以对字幕模板中的内容、字体、颜色以及动态效果的细节进行修改。

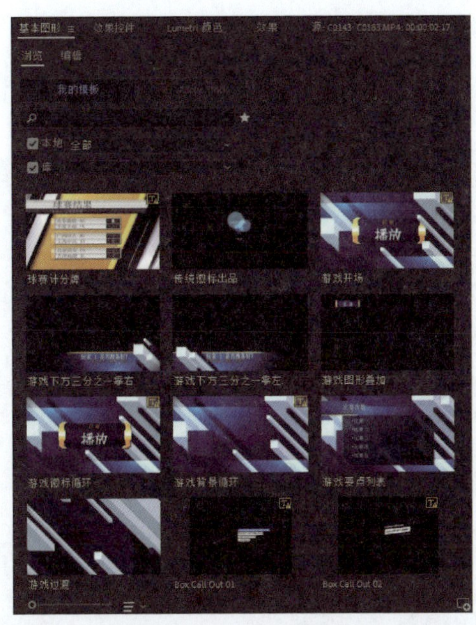

图4-40　PR中的字幕模板

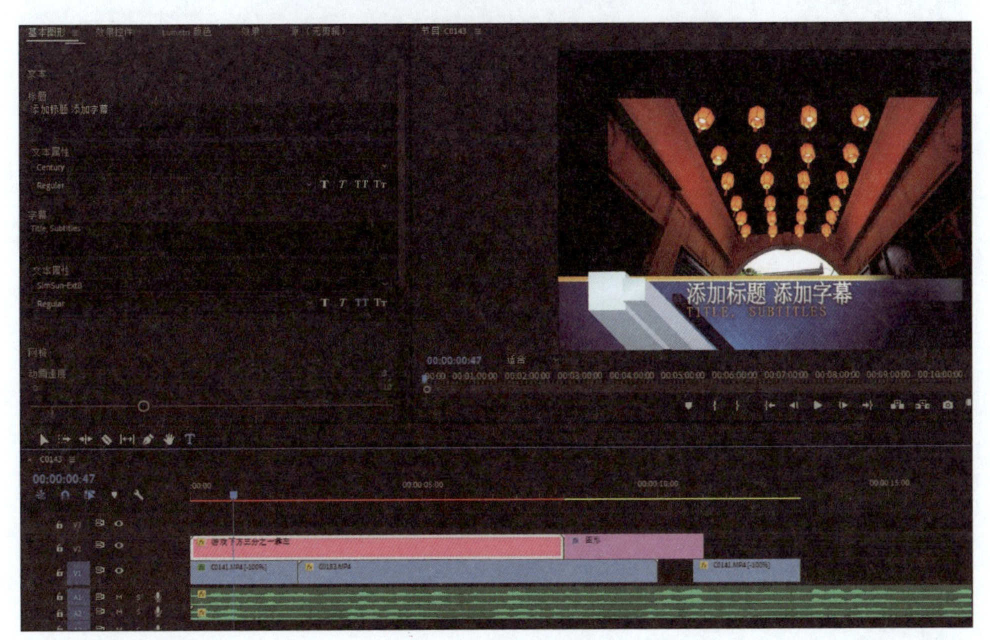

图4-41　套用字幕模板

单击“基本图形”面板右下角的▣，可以从外部导入更多mogrt格式的动态字幕模板，还可以使用AE等软件制作动态字幕并导入PR。

2. 制作字幕标题

单击工具栏中的“文字”▣按钮，即可在右侧的“节目”面板中选择任意位置输入文字，如图4-42所示。此时，“时间轴”面板上粉红色的“图形”即为当前的字幕，移动该图形可改变字幕出现的位置。在“基本图形”的“编辑”面板中，可以调整字体、颜色等参数。

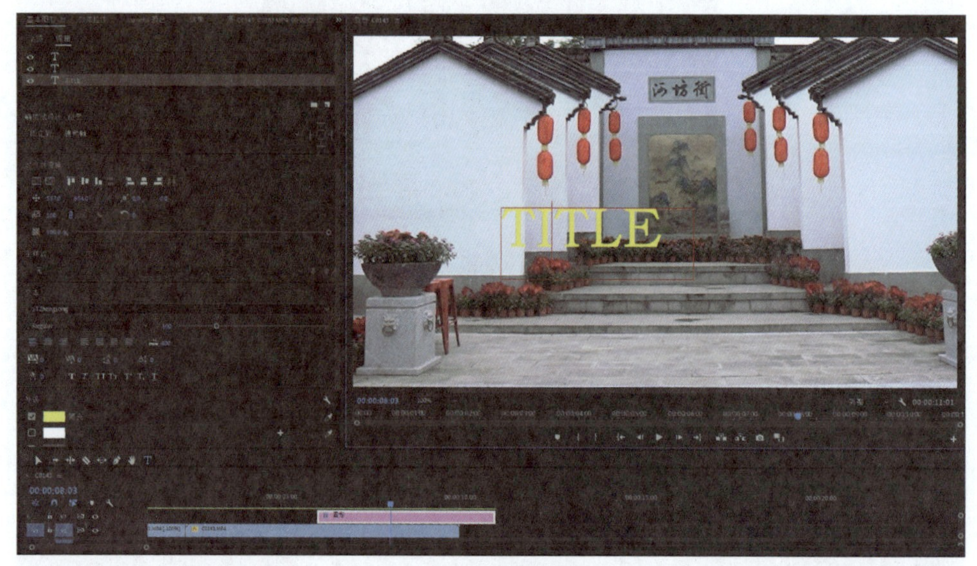

图4-42　制作标题字幕

实战经验笔记

图4-42中的粉色字幕素材，同样可以添加视频画面特效或转场特效。例如，执行“效果”|“溶解”|“交叉溶解”命令，将特效直接拖曳到字幕素材上，即为字幕添加了入场时的淡入特效。

还可以迅速复制出多个字体格式相同的标题字幕，方法是，复制已经设置好的字幕素材并粘贴，创建出多个相同的字幕素材，然后分别选中每段素材，单击“节目”面板上的相应字幕，即可修改每个字幕的内容。

3. 批量制作台词字幕

剧情类的短视频中有大量的台词字幕，一个个地制作太过烦琐，因此推荐使用“开放式字幕”，它为创作者批量制作字幕提供了便利。

（1）制作“开放式字幕”

执行“文件”|“新建”|“字幕”命令，在弹出的对话框中“标准”一栏的下拉列表中选择“开放式字幕”，将“像素长宽比”设置为“方形像素（1.0）”，其他设置与视频设置相同即可，如图4-43所示。随后，在“项目”面板中会新增一个“字幕”素材，如图4-44所示，将“字幕”素材直接拖曳到“时间轴”面板上，放在视频素材轨道（V1）之上的轨道（V2）中，即可为视频叠加一层文字。

双击“时间轴”上的“字幕”素材，打开开放式字幕的“编辑”面板，如图4-45所示，在“在此处键入字幕文本”中输入字幕内容，则添加了一行字幕。

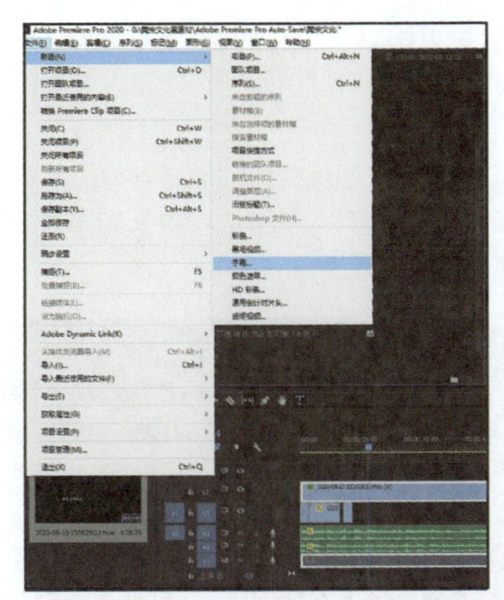

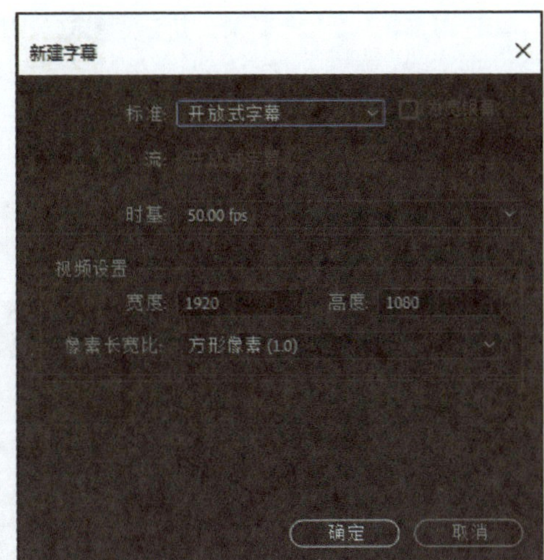

图4-43　新建字幕

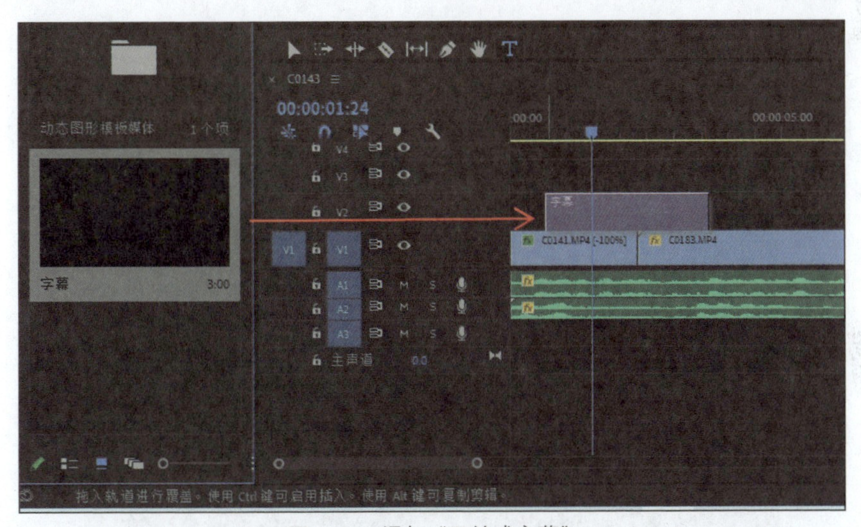

图4-44　添加“开放式字幕”

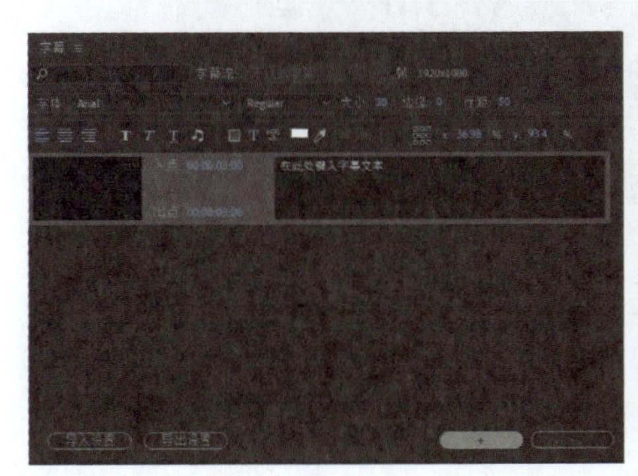

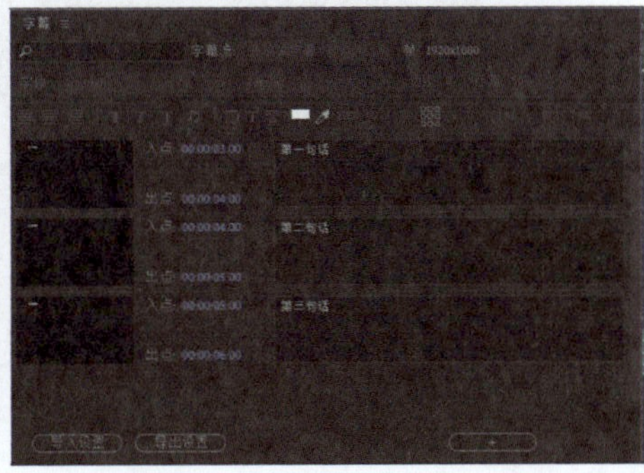

图4-45　编辑开放式字幕

单击“字幕”面板右下角的加号按钮，即可添加下一句字幕。如果漏打了一句字幕，可以选择要插入字幕的相应位置，单击加号按钮即可插入一行新字幕。要删除字幕，单击减号按钮即可。

“开放式字幕”的便捷之处在于，可以在“时间轴”面板中直观地看到每段字幕的位置（见图4-46），并可以自由地拖动和调整每句字幕出现和消失的位置。如果要批量修改字幕的格式，双击“时间轴”面板上的字幕素材即可修改。

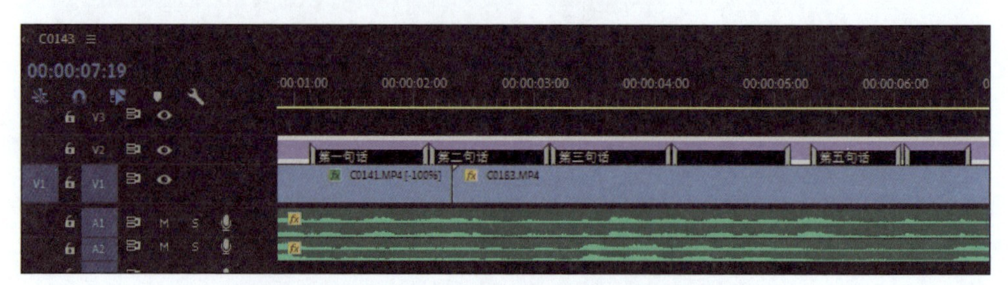

图4-46 “时间轴”面板V2轨道上的开放式字幕

（2）统一修改所有字幕的格式

要统一修改所有字幕的格式，首先要选中“字幕”面板中所有的字幕（单击第一行字幕，按住“Shift”键，再单击最后一行字幕，即可全部选中），选中后可统一进行字体、字号、颜色的修改，调整描边、位置等，如图4-47所示。

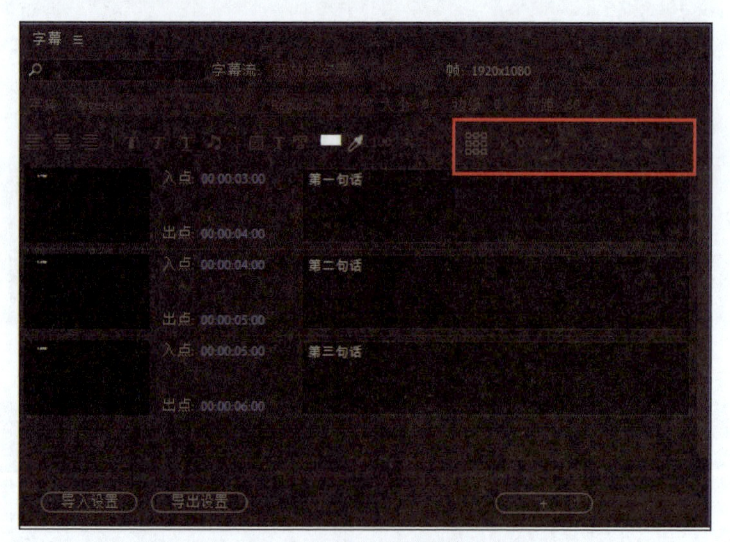

图4-47 统一修改所有字幕的格式

（3）修改PR的默认字幕格式

PR默认会给字幕添加黑底，默认的字幕位置也不是画面的底部。要去掉字幕的黑底，可单击中“T”前面的方块，即“背景颜色”按钮，将透明度调至0即可。

要使字幕居中，可单击图4-47中的按钮，单击按钮底部中间的小方块，即可将字幕置于画面下方居中。还可以通过调整图4-47红框中的X、Y坐标轴的数值进行进一步调整。

实战经验笔记

字幕的字体、字号、颜色是根据视频的内容和风格来决定的，但也有一些小技巧。通常在视频中，不建议使用宋体等笔画有明显粗细之分的字体，在播放视频时，过细的笔画在画面中会出现“断裂”的现象。而黑体则显示比较正常，且不容易造成“喧宾夺主”现象。另外也需要特别注意避免字体侵权的问题。

4. 自动语音识别并批量制作字幕

整段视频中如果有大量音频，如何自动将音频识别为字幕，并将其完整地添加到视频中去呢？PR并不具有这样的功能，因此推荐使用“讯飞听见”“网易见外”等专业的语音转换软件（见图4-48），直接一键生成srt格式的字幕文件，将制作完成的srt文件拖曳到PR当中即可。

其他字幕软件也能很快地完成中文字幕的制作工作，但要特别小心，有些软件会对视频素材进行压缩，造成画质不清晰等问题。

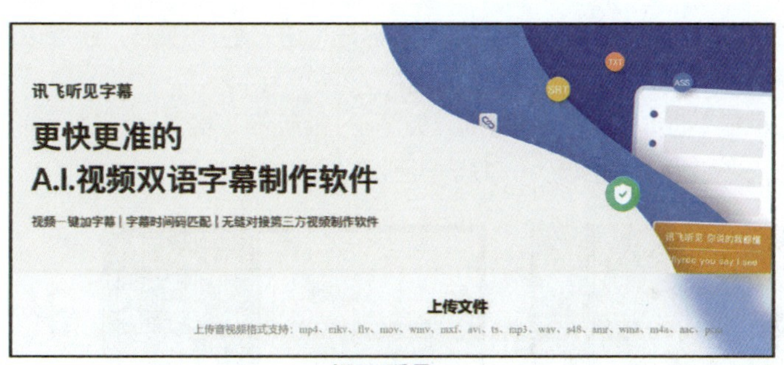

讯飞听见

网易见外

图4-48　自动语音识别并批量制作字幕的软件

4.4　为短视频调色，添加封面、片尾

调色、添加封面、制作片尾这些都不是短视频制作的必要步骤，但是，精致的调色、抢眼的封面、有引导性的片尾，都能为短视频锦上添花。

↘ 4.4.1　调色的基本操作

调色主要应用于电影和商业广告中。短视频由于采用的是低成本、短平快的生产模式，很少进行专业的调色处理。事实上，目前市面上的相机甚至手机都提供了丰富的滤镜，能满足绝大多数短视频的制作需要。

但有时，对同一个场景的拍摄使用了多台不同品牌的相机，甚至航拍设备等，在后期制作时，为了保持色调的统一就需要进行调色处理。

1. 前期拍摄参数设置

前期拍摄的画面质量是后期调色的基础。在前期对相机参数进行设置时，要统一将所有相机调整为LOG模式，这样在后期剪辑时配合LUT调色，就能达到理想的效果。

LOG是Logarithmic的缩写，是将对数函数应用到曝光曲线上的视频记录形式，能够最大限度地利用传感器的动态范围来记录最多的场景信息。LOG模式是以对数函数的曲线形式来记录视频的，能增强暗部的表现能力，并更好地保留高光细节。

LUT则是Look up Table（颜色查找表）的缩写，它是指在后期数字化处理中，通过修改色彩的色相、饱和度和亮度，将源图像的RGB值变为另一组新的RGB值的数学算法。

将LOG模式和LUT配合起来使用，可以很好地进行色彩校准，还可以实现类似滤镜的效果，形成各种不同风格、不同调性的影片。

以单反相机松下DC-S1HGK为例，如图4-49所示，将其调至视频拍摄模式，按机身的“Q”键，找到“照片格调”，并调整到“LOG”模式。

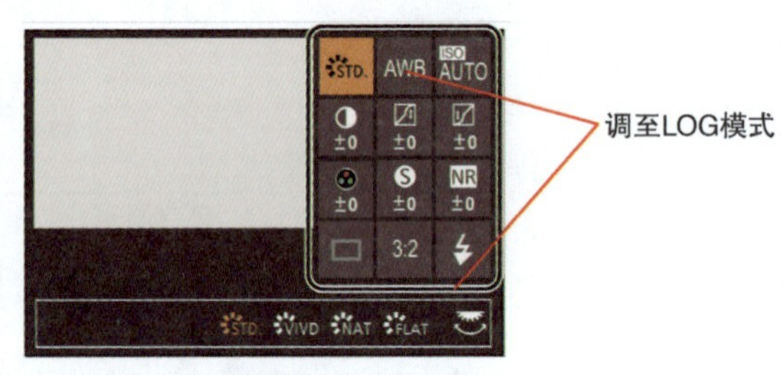

图4-49　单反相机中的参数设置

LOG模式最直观的特点就是拍出来的画面显得灰蒙蒙的，画面的对比度、饱和度都很低。而LUT大多是针对电影设计的，因此利用LUT渲染出来的画面会有较强的电影感。

2. 使用PR做创意调色

PR自带的调色功能使调色工作变得更加简单。在调色开始前，可以首先执行“窗口”|“Lumetri范围”命令，打开“分量（RGB）”“波形（RGB）”窗口，借助相关参数进行调色参考，如图4-50所示。

执行“窗口”|“Lumetri颜色”|“基本校正”|“输入LUT”命令，在列表中单击“浏览”按钮，找到与拍摄使用的相机匹配的LUT，如图4-51所示，随后再利用“Lumetri颜色”中的其他功能做更精细的微调。

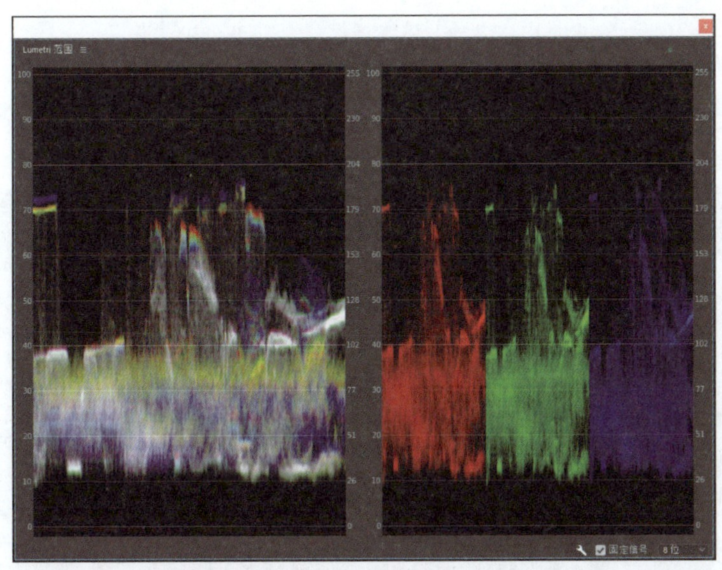

图4-50　打开“Lumetri范围”命令

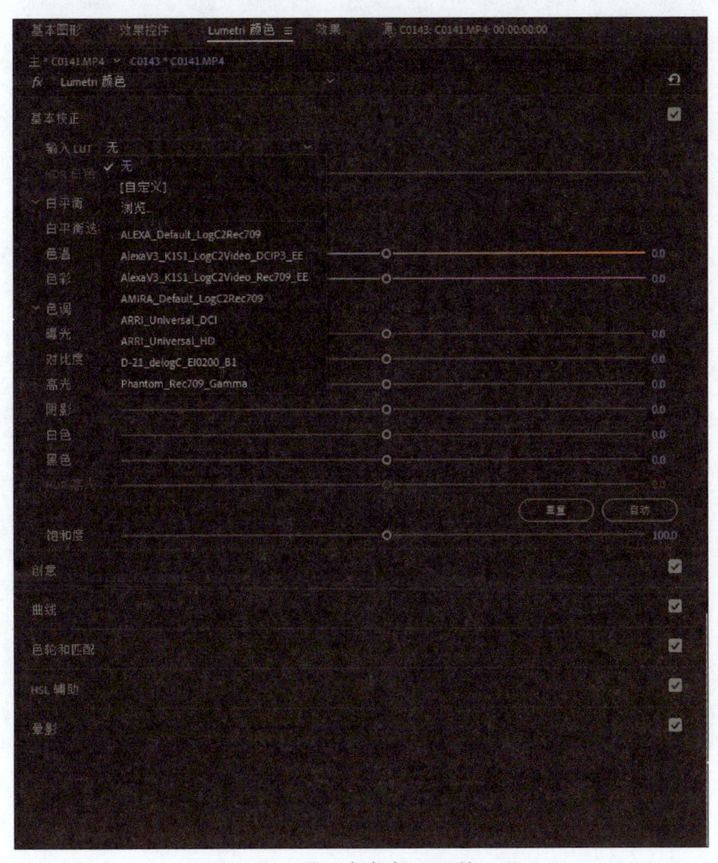

图4-51　导入与相机匹配的LUT

“Lumetri颜色”提供了风格化的调色模板（见图4-52）。执行“窗口”|“Lumetri颜色”|“创意”命令，在“LOOK”中，选择下拉菜单中的模板，立即就能在画面素材中看到调整颜色后的效果，改变“强度”的数值，可以修改调色的强度。

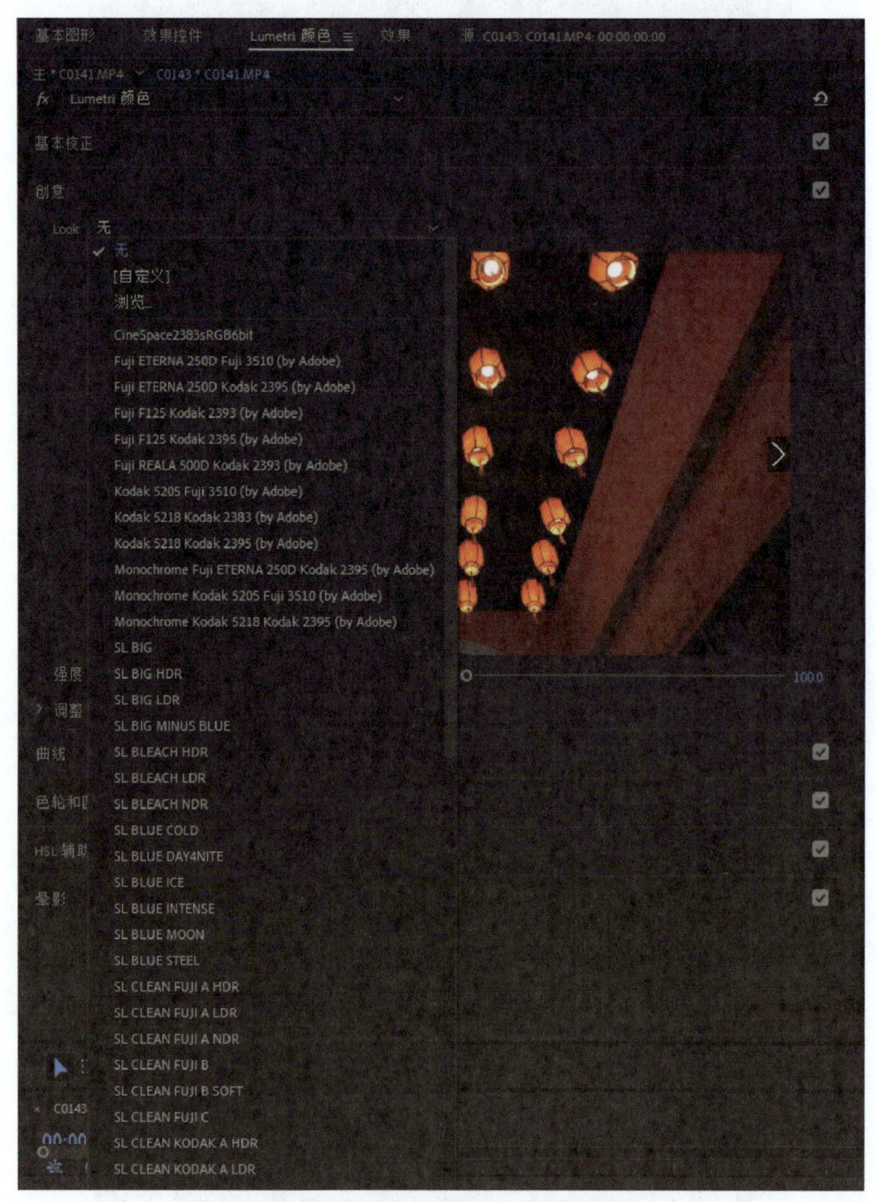

图4-52 “Lumetri颜色”面板中的预设

图4-53展示的是原素材使用不同滤镜模板后的调色效果，改变“强度”的数值，可以修改调色的强度。

原片

SL BIG MINUS BLUE

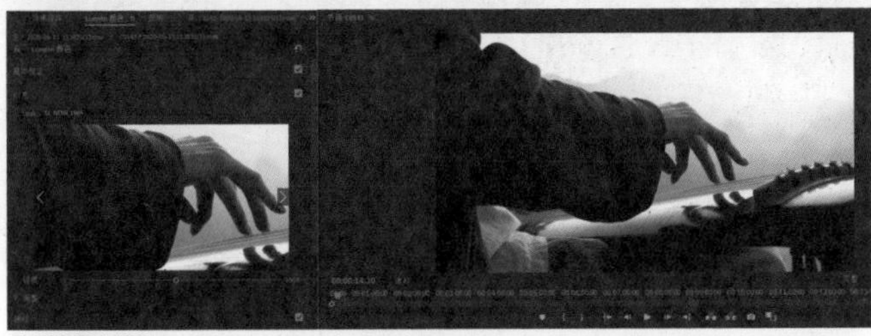

SL NOIR 1965

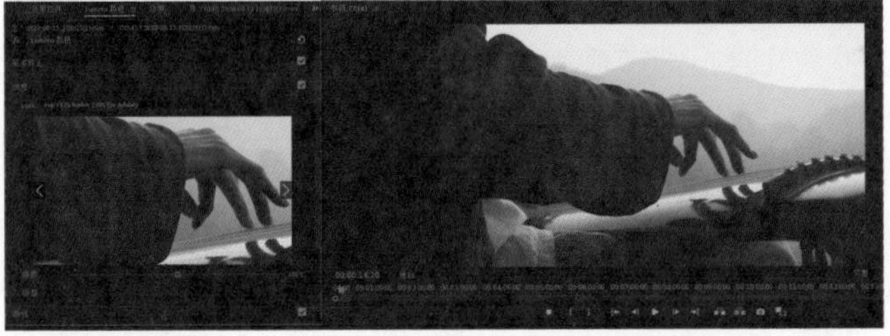

Fuji F125 Kodak 2395

图4-53 在“Look”中做风格化调色的效果对比

实战经验笔记

调色是没有标准答案的，不同的影片色调能够表达不同的情绪。但需要避免过度调色，造成画面失真、偏色。

如果在PR中找不到自己相机LOG模式对应的LUT，可以到相机品牌的官网中去下载。

前期拍摄时如果没有使用LOG模式拍摄，后期直接套用PR中的预设，容易发生偏色、过曝，创作者可以做手动微调。

要确定画面是否因为过度调色而产生了偏色，创作者可以通过检查画面中的白色部分来判断。

主流的图像和视频编辑软件如PS、达芬奇等都支持LUT，而PR可以调用不同软件中的LUT，功能非常强大。

“Lumetri颜色”面板还提供了很多手动调色的方式，创作者可以对画面进行进一步的微调。其中，“曲线”面板中的“RGB曲线”“色相饱和度曲线”比较常用。在图4-54中，上下拉动“白色”RGB曲线，可以将亮部调整得更亮，将暗部调整得更暗，让画面的明暗对比更加分明。而调整“色相与饱和度”曲线，可以使色彩更鲜艳或做出“褪色”的效果，完全能满足短视频制作的调色需求。

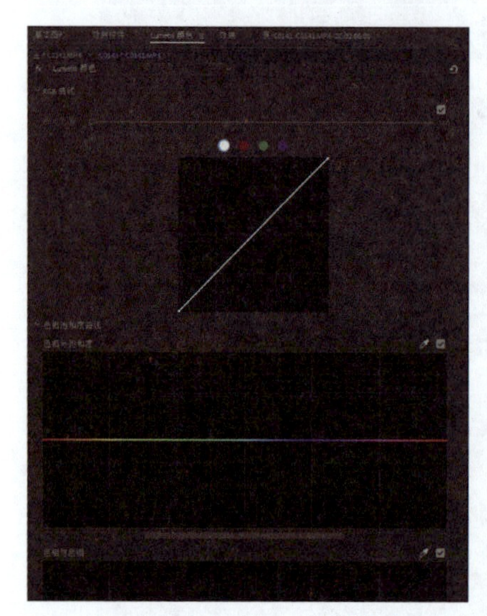

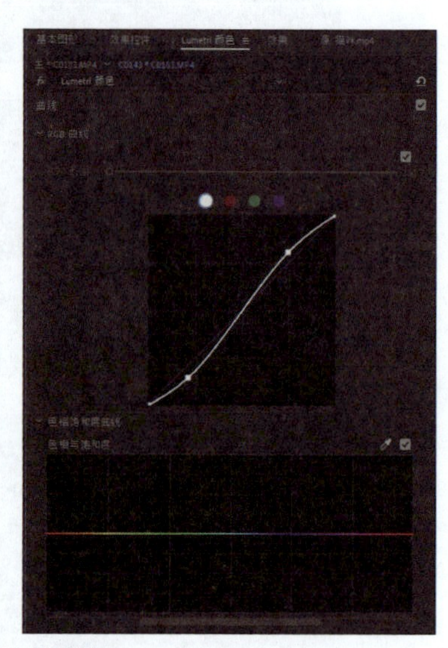

图4-54　对画面做微调

3. 颜色的基本校正

如果前期拍摄的视频出现了画面略微“欠曝”等小问题，可以通过“Lumetri颜色”来校正。执行“窗口”|“Lumetri颜色”|“基本校正”命令，可以对“色温”“曝光度”“对比度”“色彩饱和度”一一进行调整。

需要注意的是，如果前期拍摄的视频出现明显的偏色、过曝等问题，后期是很难调整的。调色的目的是让短视频画质变得更好，表达更丰富的情感，并不能补救拍摄的失败。

↘ 4.4.2　封面与片尾制作

由于很多短视频平台在向用户进行算法推荐时，都涉及视频的完播率指标。短视频“宁短勿长”，不推荐短视频创作者特意制作片头，建议开头单刀直入、直奔主题，但有一个好的短视频封面非常重要。

1. 制作封面

在将短视频上传短视频平台时，通常平台会提供“选择封面”的选项，创作者可以自己选择短视频中的某一帧或几帧画面，平台会自动生成定帧封面或封面动图。因此，在视频中挑出亮点片段作为短视频的封面，就显得非常重要。

专门制作短视频的封面主要是针对没有给创作者提供封面选择自主权的短视频平台，这类平台会默认把视频的第一帧画面作为该视频的封面，但往往视频的第一帧画面的信息量不大，会严重影响短视频的点击量，这时就需要创作者自己动手制作短视频封面。

首先，在PR的“时间轴”面板上选择一段最吸引人的画面选中并单击鼠标右键，在弹出的快捷菜单中选择“添加帧定格”选项（见图4-55），即在视频轨道上添加了一段帧定格画面。将这段帧定格画面移到视频的开头，并为这段定格画面添加上醒目的标题文字，即可完成封面的制作。

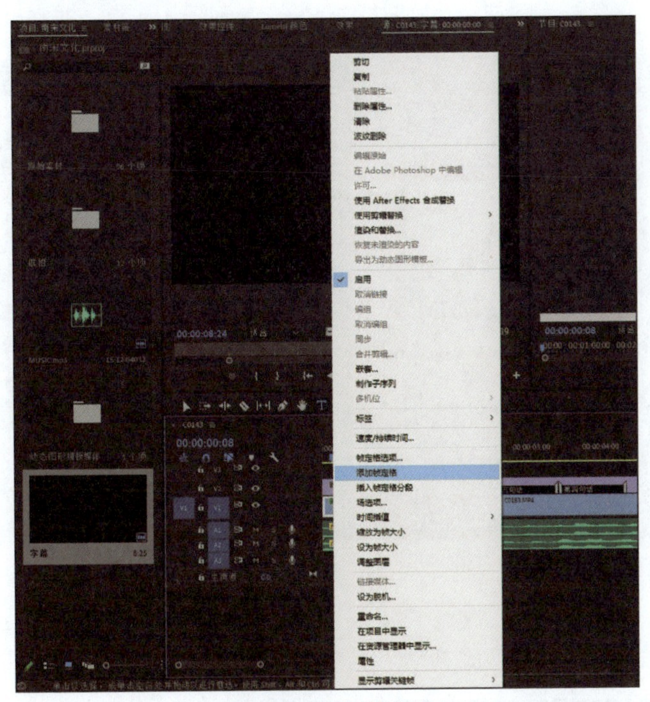

图4-55　添加帧定格

当然，也可以利用Photoshop等专业图片软件制作一张封面图，并添加在短视频的开头。

好的短视频封面应当留有悬念，标题清晰易懂，文字颜色醒目，推荐使用大特写镜头画面，形成视觉冲击，吸引人关注。

实战经验笔记

考虑到短视频平台的时长控制和视频的完播率，建议短视频的封面越简单越好，只需将一两帧画面加在视频的开头，这样在短视频播放的过程中，用户完全感觉不到封面对短视频观看的影响，但在短视频平台的内容推广页，封面会呈现出来，起到吸引观众观看的作用。

2. 制作片尾

考虑到完播率，短视频需果断收尾，要让人意犹未尽。片尾务必要有明确的用户行为引导，如引导用户点赞、关注、评论，或“一键三连”等，这样的片尾才有意义。为了片尾而做片尾是画蛇添足的做法。

抖音平台中的短视频的片尾是在抖音平台中自动生成的，但因为有抖音的LOGO，在其他短视频平台中使用时很容易被“限流”，因此创作者也可以模仿做一个“抖音”

式的片尾，用于其他平台的投放。

首先录制一段有头像的小视频，把要配上的配音如“点赞 关注 转发”等内容录制好，导入“项目”面板，并拖曳至“时间轴”面板中。

随后，为该段视频画面做遮罩。执行“窗口”|“效果”|“视频效果”命令，将“裁剪”特效直接拖曳到视频素材上，此时视频素材上出现了fx标志，如图4-56所示。

图4-56 裁剪视频素材

随后执行“效果控件”|“裁剪”命令，单击椭圆图形，为该画面添加一个圆形蒙版，并在“节目”面板中调整该蒙版的形状和位置，将猫咪的头框在圆形内，如图4-57所示。

图4-57 添加圆形蒙版

在“蒙版”的下拉列表中勾选“已反转”复选框，随后将“左侧”的数值调整至100%（见图4-58），即可在画面中只保留圆形的内容。

图4-58　调整蒙版

单击工具栏中的“文字”T按钮，输入结尾字幕。执行“基本图形”|“编辑”命令，调整字体、颜色、位置等参数，还可以导入一些透明背景的小图片来丰富画面，如图4-59所示。

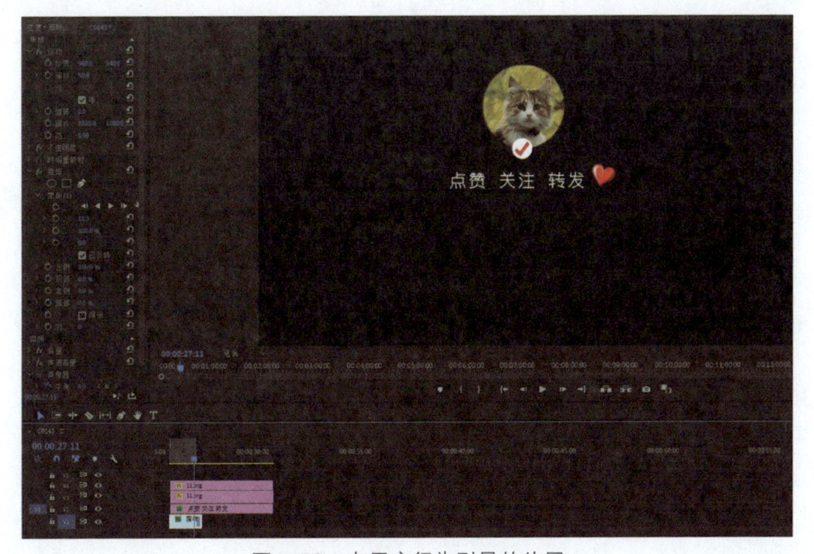

图4-59　有用户行为引导的片尾

课后练习题

1. 在你的作品剪辑中是否有必要使用一些蒙太奇手法？你的作品适合使用叙事蒙太奇手法，还是表意蒙太奇手法？
2. 使用PR剪辑一条短视频，注意剪辑规范。
3. 使用LOG模式拍摄一段短视频，并使用PR的LUT模板为短视频简单调色。

第 5 章 短视频手机拍摄与剪辑

【学习目标】

- 了解用手机拍摄短视频的关键参数与拍摄技巧。
- 了解用手机拍摄短视频使用的手机配件的作用。
- 掌握使用手机剪辑软件剪辑短视频的方法。
- 掌握利用手机剪辑软件剪出有“网感”的短视频的方法。

手机已逐渐成为更为便捷地进行短视频拍摄、剪辑的工具。虽然手机与专门的摄影、摄像设备的成像效果无法相提并论，但由于其携带便捷、拍摄使用灵活，且能满足短视频拍摄的基本需求，因此也为许多短视频创作者所青睐，技术的进步更给予了手机摄像更多的可能。而随着短视频App的流行，对手机拍摄的视频进行剪辑的App也不断推陈出新。本章介绍了利用手机进行短视频拍摄、剪辑的方法。

5.1 手机专业拍摄功能

使用手机拍摄视频与使用单反相机、微单相机拍摄视频，究竟有多大差异？这可能是多数短视频创作者使用手机进行短视频创作时的首要疑惑。了解以下手机拍摄的关键参数，有助于短视频创作者把控使用手机进行短视频拍摄时的成像质量。

5.1.1 手机拍摄的关键参数

在选择手机作为拍摄短视频的工具时，创作者可以重点关注以下关键参数。

1. 图像传感器尺寸

图像传感器作为感光元件，是决定画质的重要因素。专业相机、摄像机采用的图像传感器主要有CCD和CMOS两种类型，而手机的图像传感器大多采用CMOS。在摄影圈里有一句俗话叫“底大一级压死人”，说的就是图像传感器的尺寸，尺寸更大的图像传感器，感光面积更大，感光能力更强。

受限于手机的体积，手机的图像传感器无法与专业的相机和摄像机相提并论，画质自然也就差一些。在手机厂商的宣传中，“高像素”往往是手机的主要卖点，却较少提及图像传感器。事实上，“高像素”并不是手机拍摄画质的决定性因素。图像传感器上布满了感光的点，像素越高，意味着感光的点越多，因此，在像素相同的前提下，图像传感器面积越大，画质越好。而同样尺寸的图像传感器，像素越低，也就意味着每个感光点的面积越大，画质反而会越好。总像素太高，其实意味着每个像素的面积过小，在较暗的光线下拍摄的画面噪点较多，反而会影响画质。

随着数码技术的发展，手机生产厂商在图像传感器的技术上有了显著提升，“更大尺寸的图像传感器”成为手机厂商新的竞争点。因此在选择将手机作为拍摄工具时，可以把图像传感器尺寸作为参考的参数之一。

实战经验笔记

需要注意的是，手机厂商往往会将最好的图像传感器配备在主摄像头上，但当前中高端手机都有多个摄像头，在实际拍摄过程中使用不同的摄像头得到的拍摄效果往往也存在差异。

2. 视频分辨率

从拍摄短视频的角度来看，创作者可以关注另一个重要的参数——手机摄像头支持的视频分辨率。

视频分辨率是决定视频清晰度的重要参数。在第3章、第4章讲解短视频的拍摄与剪辑时，我们推荐采用1080p的分辨率，即1920像素×1080像素。如果对视频的清晰度要求更高，创作者还可以采用4K高清格式拍摄视频，即4096像素×2160像素，或3840像素×2160像素。如今部分中高端智能手机的视频分辨率已经可以达到4K高清的水平。

但是，手机支持的视频分辨率越高就越好吗？这个答案是不确定的。首先要明确的是，分辨率并不是决定视频清晰度的唯一参数，拍摄现场光线的明暗、视频的码率等同样会对视频的清晰度造成影响。而对于使用手机拍摄的创作者来说，使用手机拍摄短视频，主要是为了创作便利。高分辨率的视频意味着更大的储存空间、更慢的存取速度，而手机的储存空间和性能与专业的摄影、摄像器材通常存在一定的差距，从实用的角度出发，一般1080p的分辨率已经能满足一般的短视频创作的需要。华为手机摄像头拍摄的高清影像如图5-1所示。

图5-1　华为手机摄像头拍摄的高清影像

此外，由于用户目前大多是在手机端观看短视频的，当视频上传到视频网站或短视频平台时，通常会被平台进行画面压缩处理，以保证数据存储、传输的速度，避免出现短视频“卡顿”现象。因此，即便在拍摄时短视频是高清的，在传输给观众时，其分辨率通常也不能达到“高清”级别。当然，在储存空间、存取速度允许的条件下，高分辨率显然有助于细节的保留，原视频清晰度越高，被压缩后的画面清晰度也能更高。

实战经验笔记

是否选用高分辨率进行短视频拍摄，创作者应当根据创作的实际需要来把握，例如根据短视频拍摄的对象来决定采用哪种分辨率。在拍摄美丽的风景时，采用较高的分辨率能很好地还原画面中的细节，甚至超出人眼能够观察到的范围，产生“惊艳”的效果；但在拍摄人物时，采用过高的分辨率过多地放大“细节”，往往就会起到反效果。

短视频创作的目的也决定了拍摄需要采用哪种视频分辨率。例如，并不是说拍摄人物就不适合采用高分辨率，在一些化妆品类的短视频中，我们也经常看到为了产生化妆前、化妆后“惊艳”的对比效果，制作方就刻意采用了高分辨率的拍摄方式，同时采用近景、特写镜头来暴露化妆前人物的面部瑕疵。

3. 镜头光圈与焦距

（1）光圈

在使用单反相机、微单相机进行短视频的拍摄时，光圈是选择镜头时需要重点考虑的参数。大光圈的镜头意味着进光量大，不仅成像效果好，也能够控制景深的深浅。光圈越大，越能够突出主体、虚化背景。通常来说，大光圈的相机镜头也更加昂贵。

不少手机推出了大光圈镜头，如苹果、华为推出了f/1.9、f/2.4光圈的镜头。但与相机动辄上万元的大光圈镜头相比，价格低、体积小的手机是很难采用相机中的大光圈的。事实上，不同于相机镜头的物理虚化效果，手机镜头的虚化效果大多是依赖算法实现的。例如，不少手机都有双摄像头，其中一个摄像头用于成像，而另一个摄像头用于测量景深。特别是使用“人像”模式拍摄时，手机能够自动识别背景，通过算法达到虚化效果。真正拉开这些“大光圈”镜头差距的，不是光圈本身，而是算法的差距。因此，在选择手机作为拍摄工具时，创作者不能仅看光圈参数，更需要关注手机采用的图像处理算法，并根据实际的拍摄效果进行判断。华为手机摄像头的虚化效果如图5-2所示。

图5-2　华为手机摄像头的虚化效果

实战经验笔记

我们不能从单个技术参数来判断一款手机拍摄功能的好坏。有些手机像素并不高，图像传感器的尺寸也不算大，镜头也没有“大光圈”，但其拍摄效果却很不错。苹果手机摄像头拍摄的夜景如图5-3所示，苹果手机主要依靠的是苹果强大的软件系统和图像处理算法。

图5-3　苹果手机摄像头拍摄的夜景

实战经验笔记

在选择用于拍摄的手机时，影像风格也是可以纳入考量的。

目前，一些手机厂家的镜头还打上了全球知名镜头生产商的认证标志，如“徕卡”和“蔡司”。华为手机的镜头拥有“徕卡”认证，显然这不是将“徕卡”镜头直接安装到了华为手机上，而是华为与“徕卡”的技术人员共同完成了手机镜头模组的设计。这些设计除了进一步提升手机镜头的透光性，在图片处理上也引入了徕卡的算法，从而使手机能拍出具有“徕卡”风格的影像。

（2）焦距

由于短视频创作往往需要切换不同景别的镜头，手机摄像头的焦距也是需要重点考量的参数。

① 焦距的覆盖范围

第3章提到了不同焦距的镜头，如广角镜头、微距镜头等，现在这些焦距也逐渐成为手机摄像头的配备趋势。在使用手机拍摄时，手机主要通过调用程序直接实现镜头的切换，来模拟单反相机、微单相机的“可换镜头”。短视频创作者在选择手机时，主要需要考虑摄像头的焦距覆盖范围是否足够大，以更好地支持短视频拍摄中的景别变化，如广角镜头、微距镜头等都是非常实用的。以华为手机为例，华为手机广角摄像头拍摄的画面如图5-4所示，华为手机微距摄像头拍摄的画面如图5-5所示。

图5-4　华为手机广角摄像头拍摄的画面

图5-5　华为手机微距摄像头拍摄的画面

② 光学变焦和数码变焦

一些手机在标出焦距的参数时，会写上变焦的倍数，如3倍变焦、16倍变焦等。但在这里需要注意的是，不少手机提供了两种变焦方式，一是光学变焦，二是数码变焦。光学变焦是指通过移动镜头的焦点来实现影像的放大，这种变焦方式不会产生画质损失，但手机上会出现一个“长”摄像头。以三星手机为例，其10倍光学变焦手机摄像头如图5-6所示。

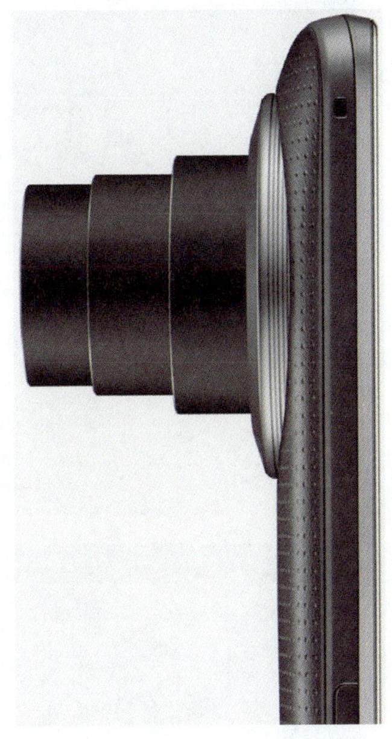

图5-6 三星手机的10倍光学变焦手机摄像头

而在以“轻薄”为趋势的手机中，安装的多是定焦镜头，它的“变焦”往往是数码变焦。数码变焦本质上是对数字图像的局部进行放大，是以牺牲画质为前提来实现的。因此对于短视频创作者来说，即使手机摄像头有很高倍数的数码变焦功能，也并没有太大的实际意义。

还有一些手机推出了“混合光学变焦”概念，其实就是在手机中加装了两个不同的镜头，其中一个镜头进行数字变焦后，利用另一个镜头来补充变焦丢失的画面细节，得到的图像的画质介于光学变焦与数码变焦之间。

因此对于只安装有定焦镜头的“轻薄”手机而言，创作者与其关注“变焦”参数，不如关注其配备的摄像头的数量，以及每个摄像头的具体焦距，最重要的是测试其成像效果。华为手机使用不同焦距的镜头拍摄的成像效果对比如图5-7所示。

4. 其他参考指标

以下手机参数也是短视频创作者在选择手机时需要考虑的。

（1）防抖功能

光学防抖、运动防抖这类功能在很多数码相机中会被特别强调，目前一些中高端手机也给手机摄像头增添了这类功能。通常来说，在视频拍摄过程中，创作者手持拍摄设备，出现抖动在所难免，防抖功能就能很好地解决因此带来的画面晃动、画质下降的问题。

（2）运行速度

手机的运行速度，特别是拍摄过程中的运行速度，也是至关重要的。短视频的创作者可以进行实际测试来判断手机的运行速度，包括摄录的速度、存取的速度、对焦的速度等。例如，按下摄录键，部分手机会出现“时滞”现象，给抓拍造成困难。再如对焦速度不够快，自动跟焦功能跟不上被摄物体的运动速度，也会严重影响实际拍摄的效果。这些问题的出现主要是受到手机的芯片、内存、算法等因素的影响。简单地说，一款高摄像头配置、中低端性能的手机，就像跑车开在了泥泞小路上，是无法发挥其实际作用的。

图5-7　华为手机使用不同焦距的镜头拍摄的成像效果对比

（3）显示屏尺寸、分辨率、色彩还原效果

手机显示屏的尺寸、分辨率、色彩还原效果也是值得短视频创作者关注的。手机的显示屏相当于用相机拍摄时的监视器，大尺寸、高分辨率的手机显示屏有助于创作者注意到被摄画面中的细节问题。至关重要的是手机显示屏的色彩还原效果，对色彩的要求不是“好看”，而是要能准确还原出视频拍摄时的实际效果。有的手机显示屏显示的色彩非常鲜艳，但与视频拍摄的实际效果却有一定差距，即“色差”，这会严重影响创作者的判断。

5.1.2 拍摄时的参数设置

在开始使用手机拍摄之前，创作者需要对手机摄录的参数做一些调整。一般进入“设置”菜单，选择“相机”设置，或直接在相机应用中找到“设置”菜单，即可进行以下相关参数的调整。

1. 视频格式设置

在调整到视频拍摄模式后，开始使用手机拍摄之前，首先要调整好视频的分辨率和帧率。图5-8展示的是用华为手机进行视频拍摄的设置页面。如果没有特殊的拍摄要求，推荐使用1080p，16：9格式，“30fps”（即30帧/秒）的设置。1080p分辨率的视频在手机端、PC端观看都已足够清晰，而在后期不做升格处理（慢动作）的情况下，使用“30fps”来记录视频也足够流畅。但需要注意的是，如果后期需要做升格处理（慢动作），在前期拍摄时需要将画面帧数调高至“60fps”以上，有的手机还提供了“120fps”“240fps”“960fps”的慢镜头摄录模式。

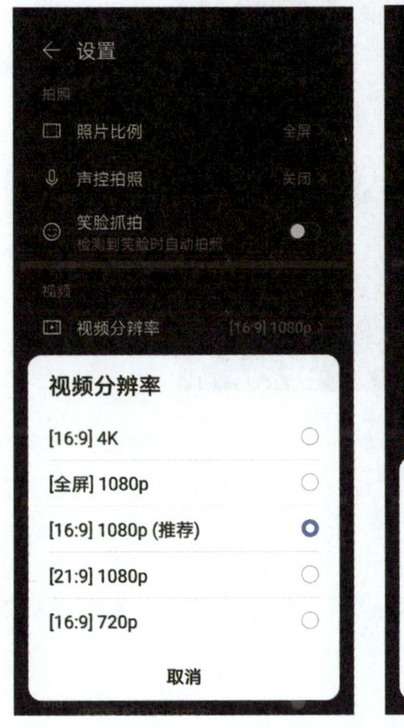

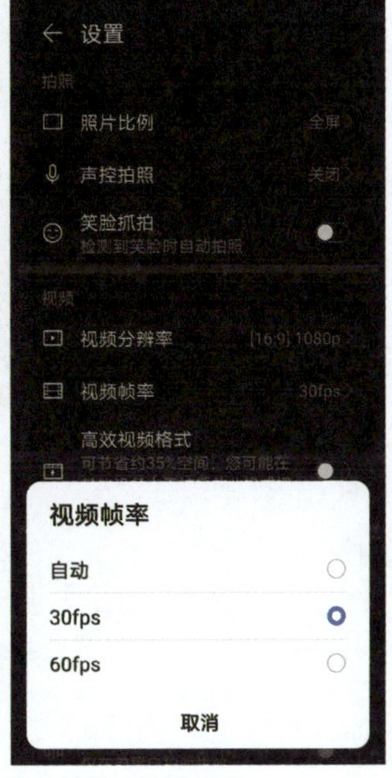

图5-8 华为手机的视频分辨率和帧率调整

目前，手机录制的视频的格式主要是MP4，MP4通用性很强，既可以在手机中使用剪辑软件进行后期剪辑，又可以导入计算机，在PR等专业后期编辑软件中进行剪辑。

实战经验笔记

由于苹果系统与其他系统存在兼容性问题，如果使用苹果手机作为拍摄工具，建议使用苹果计算机做剪辑，这样能大大提高素材存取的速度和剪辑的工作效率。苹果应用商店（App Store）中的Final Cut Pro是一款比较容易上手的专业剪辑软件。而与抖音短视频平台无缝对接的剪辑软件“剪映”，也专门为苹果计算机推出了PC端剪辑软件，界面与“剪映”的手机版应用非常相似，操作简单。

在苹果手机和一些安卓手机中，还有“高效视频格式”可供选择，使用这一格式的好处是可以节省视频的存储空间，但可能会出现视频文件不兼容的情况，因此不推荐使用。特别是苹果手机，建议在“设置”|“相机”|“格式”中选择“兼容性最佳”（见图5-9）。

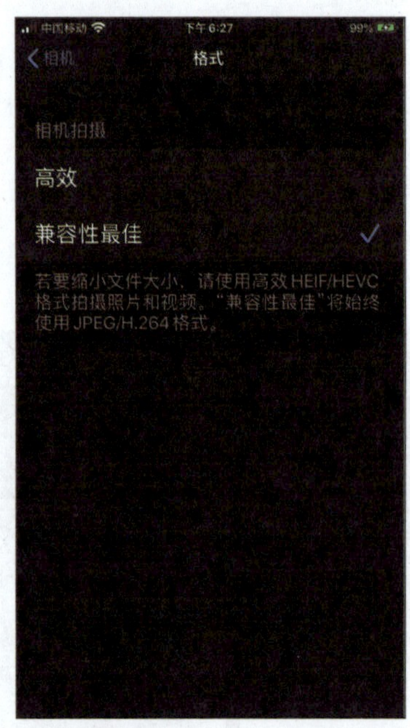

图5-9 在苹果手机中设置“兼容性最佳”

2. 其他常用功能

（1）构图辅助

在苹果手机中，有“网格”选项，在一些安卓手机中，有“参考线”选项，如图5-10所示。设置后，屏幕上会出现九宫格参考线（见图5-11），帮助创作者进行画面构图。

（2）水平辅助

一些手机还提供了“水平仪”功能，可以帮助创作者判断手机是否与地面水平（横拍）或垂直（竖拍）。考虑到观众的观感，通常拍摄时要尽量保证视频的画框垂直于地面或与地面平行，不倾斜地进行拍摄。手机中的“水平仪”功能相当于三脚架的水平仪功能。在图5-12中，画面中央被横线穿过的圆形，就是水平仪的指示。当这条线平行于参考线时，表示横拍的画面与地面平行。

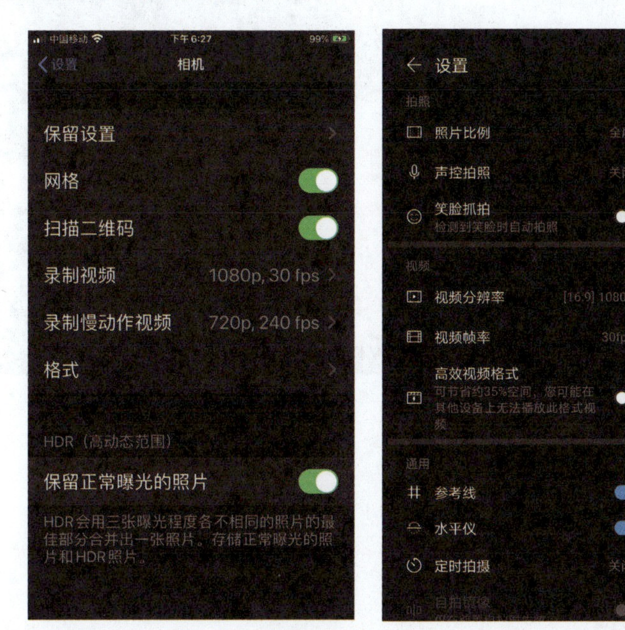

图5-10　苹果手机（左）中的“网格”选项和华为手机（右）中的“参考线”选项

图5-11　“参考线”功能、“水平仪”功能效果

（3）滤镜

很多手机都自带滤镜功能（见图5-12），为短视频创作者提供了更多的创作空间。如果短视频创作者确定作品中所有的画面素材都能够在相同场景中一次性拍摄完，是可以考虑在拍摄时选择一款合适的滤镜的。但很多时候，一部短视频涉及多个场景，不同场景的光线也各不相同，后期还需要重新剪辑。因此，不建议在前期拍摄时添加滤镜。

在前期拍摄的过程中，应当确保视频还原真实色彩，为后期留下更大的创作空间。视频画面的调色工作可以留到后期统一完成。

图5-12　手机自带的滤镜

5.1.3　使用手机拍摄的技巧

随着移动社交媒体的兴起，主流的手机生产厂商更加重视手机的拍摄功能。一键录制的“傻瓜”式拍摄模式已不能满足市场的需求，更多样的拍摄模式也为短视频创作者提供了更多的选择。本节以华为手机为例，展示手机的各种视频拍摄功能。

1. 专业拍摄模式

手机中的专业拍摄模式大致相当于单反、微单相机中的半自动模式或快门优先模式。该模式的重要调节参数如下。

（1）调节感光度ISO值

感光度ISO值反映了感光元件对光的敏感程度，感光度ISO值越高，曝光所需的时长就越短，但画面的噪点会越多。感光度ISO值在手机中的参数是“ISO”（见图5-13）。虽然手机程序会默认自动调整感光度ISO值，但由于在高感光度ISO值下进行拍摄会造成画质的损失，短视频的创作者需要对感光度ISO值给予关注和控制。

图5-13　专业拍摄模式中感光度ISO值的设置

点击图5-13展示的屏幕中的“ISO”字样，会弹出感光度ISO值，数值范围为50～12800。圆圈A显示为红色，表明手机摄像头自动设置感光度ISO值，当前数值为160，这个感光度ISO值较低，说明当前拍摄环境的光线尚可，但这是匹配1/50秒的快门速度的结果。如果拍摄的是运动中的物体，1/50秒的快门速度是比较难实现较好的抓拍效果的。如果要手动调整感光度ISO值，需要点击圆圈A，当红色消失时，可以手动调节感光度ISO值。不同手机的性能各不相同，感光度ISO值多少算高不能一概而论，但通常感光度ISO值超过1000，就说明拍摄场景中的光线不够充分，如果超过1600，通常画面中已经有明显的噪点。如果不想要这样的噪点，就应当尽量避免光线不足带来的画质损失，可以通过为拍摄现场补充光源、增加照明的方式，把感光度ISO值控制在较低的范围。

（2）调节白平衡

调节白平衡的目的是确保画面色彩还原准确。不同光源的色温不同，调节白平衡即是告诉机器什么是“白色”。在手机中，白平衡对应的参数是“WB”，即White Balance。手机往往具有自动白平衡功能“AWB”，即Auto White Balance。通常，手机会根据拍摄场景的光源变化情况，不断自动调整白平衡。在图5-14中，“WB”右上角有圆点，表示长按“WB”时，可以锁定白平衡的数值不变。

图5-14　专业拍摄模式中白平衡的设置

短视频创作者也可以根据光源的类型选择相应的白平衡模式。点击屏幕中的“WB”字样，会弹出不同的白平衡模式，包括晴天模式、阴天模式、白色荧光灯模式等，也可以自定义白平衡。对于光源较为复杂的环境，通常采用自定义白平衡的方式，以保证色彩的准确还原。自定义平衡的设置方式是，点击按钮，随后对白平衡数值进行手动调整。

（3）调节测光模式

拍摄的场景有明有暗，正是这种明暗使得画面有了层次感。在曝光时，究竟应以哪个位置为标准对整幅画面进行曝光呢？通常手机会自动给出曝光设置，但在复杂的光线条件下，需要创作者做更精细的调整。

测光模式在手机中对应的标志是M下方的方框中有圆点（见图5-15）。在专业拍摄模式中，测光模式有矩阵测光、中央重点测光、点测光。矩阵测光是指对画面中一个较广泛的区域进行测光；中央重点测光是对整个画面进行测光，但最大比重分配给画面的中央区域；而点测光是对画面测光点周围进行测光，选择这一模式后，创作者需要手动为手机摄像头指出测光点，方法是点击屏幕中的任一位置，点击的位置就是测光点。

图5-15　专业拍摄模式中测光模式的设置

实战经验笔记

我们通常使用矩阵测光或中央重点测光模式，但点测光模式对于创作者来说非常实用。例如，我们在拍摄人物站在夕阳下的风景时，想拍摄出“剪影”的效果，即让人物背后的夕阳和风景曝光准确，人物只呈现出黑色的轮廓，那就可以采用点测光模式，将测光点选在明亮的背景上，就能实现预期的效果。

（4）调节对焦模式

在手机中，调节对焦模式的参数是“AF/MF”（见图5-16）。在专业拍摄模式中，对焦模式有AF-S（单次自动对焦）、AF-C（连续自动对焦）、MF（手动对焦）。

图5-16　专业拍摄模式中对焦模式的设置

单次自动对焦与连续自动对焦的区别在于，单次自动对焦只做一次对焦，而连续自动对焦会在画面发生较大变化时再次自动对焦。AF/MF右上角有圆点，表示在连续自动对焦时，长按“AF/MF”，可在对焦后锁定焦点不变。

（5）调节快门速度

快门速度控制感光元件的曝光时间，在手机中对应的参数是“S”，如图5-17所示。感光度ISO值越小，画面越细腻，但快门速度会越慢。在短视频的拍摄过程中，帧率决定了快门速度。从经验上来说，把快门速度的分母设为帧率的两倍，会使得观感较为自然，例如需要拍摄的短视频帧率是25帧/秒，快门速度就设置成1/50秒；如果需要拍摄的短视频帧率是60帧/秒，快门速度就设置成1/120秒。点击红色的圈A，可以对快门速度进行调节。但通常来说，拍摄视频时，调节光圈比调节快门速度更为常用。

图5-17　专业拍摄模式中快门速度的设置

（6）调节焦距

手机中的焦距变换可以通过拉动虚线进度条来调节，如图5-18所示。如前文所述，由于手机变焦多采用数码变焦，画质损失较大，不建议采用。

图5-18　专业拍摄模式中焦距的调节

（7）调节曝光补偿

曝光补偿功能在手机中对应的参数为“EV”，其调节如图5-19所示，用于轻微改变手机给出的自动曝光值，使照片更亮或更暗。

实战经验笔记

通常，我们使用手机自动确定的曝光值即可，但想要拍摄出“剪影”效果时，即让人物背后的夕阳和风景曝光准确，人物只呈现出黑色的轮廓，就可以略微降低曝光补偿，使画面“欠曝”，使得人物全黑，实现预期的效果。

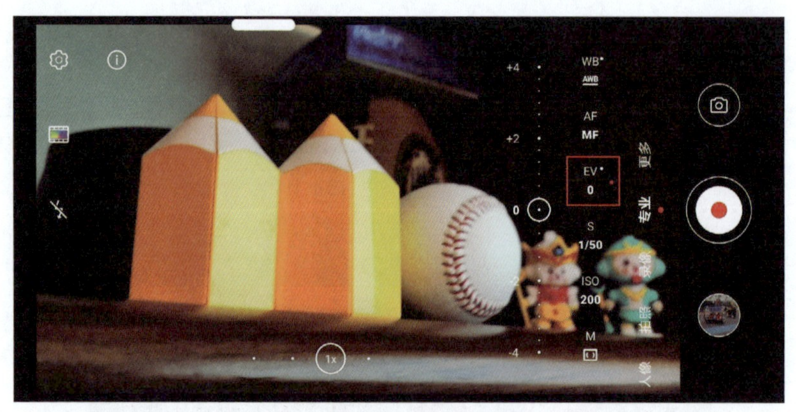

图5-19　专业拍摄模式中曝光补偿的调节

2. 大光圈拍摄模式

与专业拍摄模式相比，大光圈拍摄模式的特点在于能够控制景深，如图5-20（a）所示，点击“F4”调整光圈的大小。数字越小，光圈越大，景深越小，越能形成“前景清晰、背景虚化”的效果，如图5-20（b）所示。

（a）大光圈拍摄模式

（b）大光圈拍摄模式中光圈的设置

图5-20　大光圈拍摄模式及设置

但如前所述，手机中的大光圈是通过算法实现的，虽然能基本满足移动端的观看需求，但需要注意的是，在PC端观看时，如果虚化程度过高，仍能看出手机算法“大光圈”与相机镜头“大光圈”在拍摄效果上的区别。

3. 常规拍摄模式

手机中的常规拍摄模式，即“傻瓜模式”，仅支持滤镜、变焦功能的调节，但部分手机还加入了“美颜”功能。当点击“美颜”参数时，可以进行美颜程度的调节，它相当于滤镜功能，起到“模糊”细节的效果，如图5-21所示。

图5-21　常规拍摄模式中的美颜功能

实战经验笔记

目前，很多短视频拍摄应用中增加了美颜、美妆功能，但使用相机自带的美颜、美妆功能的优势在于能更好地保证短视频的画质。使用短视频应用录制视频，常常会使视频画质受到损失。

在常规拍摄模式中，除了调整焦距，通常没有其他的调节功能，但对于使用手机拍摄短视频的创作者来说，使用常规拍摄模式的目的就是操作便捷。创作者应当从手机性能、画面质量角度进行考量，合理使用常规拍摄模式。

4. 其他拍摄模式

如今的智能手机还为创作者提供了更丰富的选择，例如慢动作、双景录像等，在“更多”中可以找到相应的内容，实现特殊的拍摄效果，如图5-22所示。

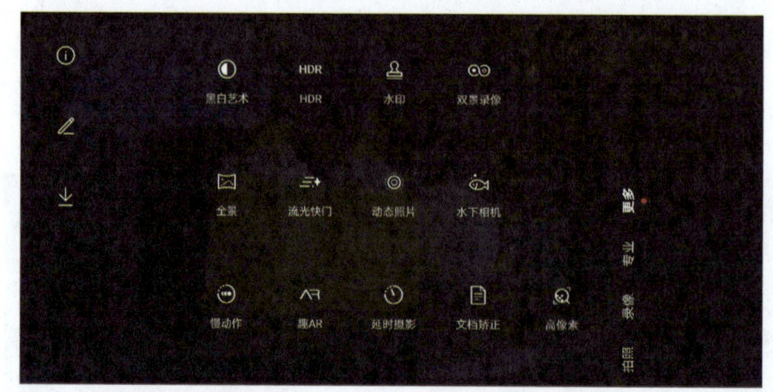

图5-22　手机中的其他拍摄模式

（1）双景录像模式

智能手机的双景录像模式是同时调用手机中的两个摄像头，在画框中同时呈现出两个不同的景别或不同的取景范围，如图5-23所示，双景录像呈现了全景和特写两个景别。图5-24展示的是手机前后摄像头拍摄的不同取景范围的画面。虽然在后期剪辑过程中，可以通过调整原视频画框的大小来实现双景同框，但手机的双景录像模式给短视频创作者提供了更为便利的选择。

图5-23　手机双景录像模式的不同焦距摄像头同框

图5-24 手机双景录像模式的前后摄像头同框

（2）慢动作模式

慢动作模式在有的机型中被命名为“子弹头”模式，即在录制时，手机自动执行慢动作的画面处理，在手机中播放这段视频时，可以立即观看到慢动作的画面。手机慢动作模式的设置如图5-25所示。

图5-25 手机慢动作模式设置

慢动作在影视行业中被称为画面“升格”，可以通过前期拍摄或后期制作实现。而实现慢动作的技术要求是帧率。通常我们采用的帧率为25帧/秒或30帧/秒，这样的画面已足够流畅。但在制作慢镜头时，如果以0.5倍速播放，就会出现帧率过低、画面“卡顿”的现象。因此在前期录制时，就要采取更高的帧率，如图5-26所示，可以将视频的帧率调至240帧/秒，此时能清楚地记录下水流、水滴的慢动作。索尼、三星、华为等的部分手机，视频录制帧率可以达到960帧/秒，这需要更高速的图像传感器、更先进的图像处理器技术的支持，它能将运动的瞬间记录得更加精细，例如展现飞翔的鸟扇动翅膀的精细动作等。但帧率过高的视频，占用的存储空间过大，如无必要不建议使用。

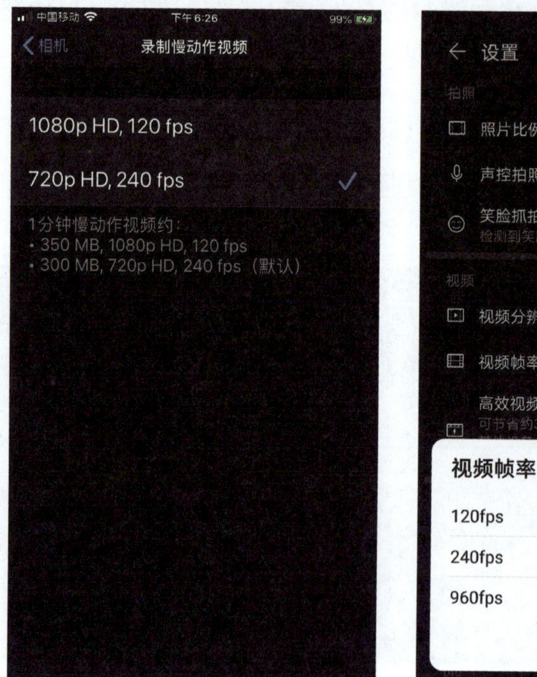

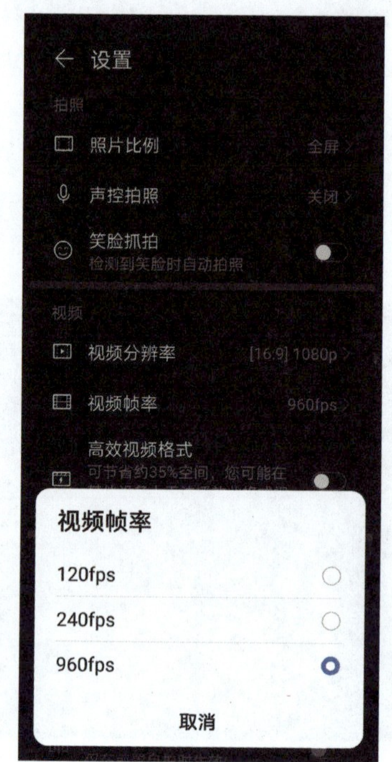

图5-26　苹果手机（左）与华为手机（右）慢动作模式下帧率的调整

（3）延时摄影模式

延时摄影（Time-lapse photography）的本质是摄影而非摄像，是在取景范围不变的情况下，在一段时间内连续拍摄数张照片，后期将照片合成视频，把在数小时、数日甚至数月中拍摄到的画面压缩到一个较短的时间内，以视频的形式播放。由于连续拍摄的画面记录下了画面中的物体的缓慢变化，连续播放时，能呈现出人眼日常无法察觉到的景象。而华为等品牌的手机提供的延时摄影模式（见图5-27），将图像记录和处理的过程简化，一键即可实现延时摄影的效果。

延时摄影的技术要求是，在拍摄的全过程中保持手机的位置始终稳定，这采用手持的方式是不可能实现的，因此需要配合使用手机支架。5.2节将介绍如何利用手机拍摄辅助器材，用于实现更好的手机拍摄效果。

图5-27　手机“延时摄影”模式

5.2　手机拍摄辅助器材

随着手机摄影、摄像的流行，各类用于手机拍摄的辅助器材也被陆续推出，能帮创作者获得更好的拍摄效果。本节将对常用的手机拍摄辅助器材进行介绍。

5.2.1　拾音设备

视频是画面与声音共同作用的艺术。由于手机自带话筒的拾音效果无法与专业的拾音设备相提并论，在短视频创作中，外接的拾音设备是必备的工具，但其往往被忽视。以下介绍几款实用的拾音设备，供创作者选择。

1. 通用型领夹话筒

这款话筒在第3章已经介绍过，是采用3.5毫米的插头来连接单反相机、微单相机等设备的。而这种话筒之所以被称作“通用型”，是因为它也可以与智能手机连接，如图5-28所示。在话筒上可以进行模式的切换，当连接相机、摄像机时，需将模式切换到“cameras”，当连接的是智能手机时，需将模式切换到“smart phone”，只需要给3.5毫米的插头配上与手机连接的转接头即可。创作者可以根据自己的手机型号，选择苹果Lightning接口或安卓手机TYPE-C接口（见图5-29）。这样的话筒通用性强、性价比较高。

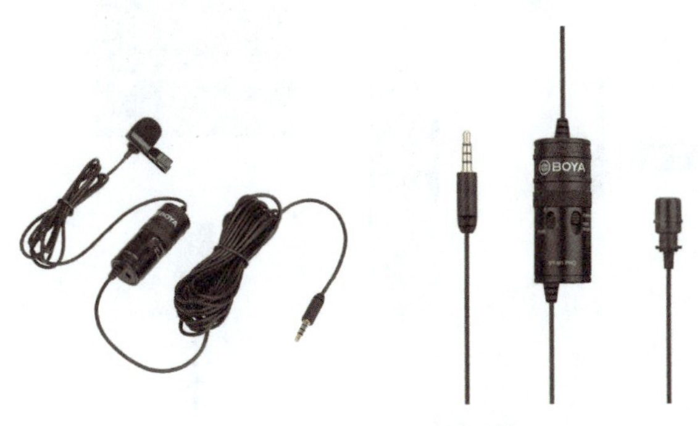

图5-28　通用型话筒

图5-29　3.5毫米插头可外接智能手机接头

实战经验笔记

第3章介绍配合单反相机、微单相机的拾音配件时，介绍了无线话筒，其使用更为方便灵活，但话筒的无线信号不够稳定，可能受到周边电器、磁场的干扰。而用手机拍摄时，缺少电平指标的提示，也缺少实时监听设备，无法及时发现收音过程中存在的问题，因此，手机的外接话筒不建议使用无线话筒。

2. 手机专用领夹话筒

除了通用型话筒，一些专业的话筒生产厂家还针对不同品牌的手机推出了专门用于手机拾音的话筒。它与通用型话筒的功能基本一致，区别仅在于采用的接头是对应相应手机型号的接头而非3.5毫米通用耳机接头。图5-30展示的这款领夹话筒是苹果手机的Lightning接口，因此不能在其他手机或者单反、微单相机、摄像机等中使用。

图5-30　苹果手机专用领夹话筒

3. 双麦头全向型领夹话筒

由于领夹话筒的指向性强，只能拾取一个方向的声音，当拾音的声源不止一个时，可以选用有两个话筒头的领夹话筒（见图5-31），同样建议创作者选用3.5毫米接头的话筒，通用性较强（单反相机、微单相机、摄像机等的话筒接口都是3.5毫米的，当连接智能手机时，创作者可以根据自己的手机机型，配备相应的转接头，如苹果Lightning接口或安卓手机TYPE-C接口等）。

图5-31　双麦头领夹话筒

双麦头话筒的其他功能与单麦头的通用型话筒基本一致。它的适用场景不仅是双人访谈，还适用于声乐演奏场景，例如一只麦头指向歌唱者嘴部，另一只麦头指向演奏的乐器，就能保证两个声源被同时收入，既不会出现明显的一强一弱，也能避免因指向不准确而产生杂音。

4. 手机耳麦

使用手机作为拍摄工具时，为了便捷，在对音质要求不高的情况下，也可以使用手机耳麦作为拾音工具。与图5-32展示的手机线控耳麦相比，更推荐使用图5-33展示的手机无线耳麦。由于手机线控耳麦并非专业的拾音设备，线过短，只适合近距离拍摄，且话筒距离嘴部仍有一定距离，拾音效果并不理想。而无线耳麦不太受拍摄距离的限制。

使用手机耳麦拾音与使用领夹话筒拾音最大的差异在于，手机耳麦的指向性远不如领夹话筒，在拾音过程中会混入拍摄场地中的背景杂音，也可能存在声音失真的现象。

图5-32　手机线控耳麦

图5-33　手机无线耳麦

实战经验笔记

使用手机无线耳麦拾音时，推荐使用黑色耳麦，在拍摄中不明显，建议只戴一只耳麦并尽量将耳麦置于镜头拍不到的侧面。

5.2.2　稳定设备

除了拾音设备，基本的稳定设备也是手机拍摄必不可少的。

1. 手机支架

手机支架主要用于固定镜头的拍摄，它类似于相机、摄像机的三脚架，但相比之下更为小巧、便捷。手机支架支持横拍、竖拍，而中高端的手机支架的功能更加多样，可以通过蓝牙与手机连接，远程遥控手机的开关机，遥控拍摄、变焦切换，也可以将支架折叠起来，作为自拍杆使用。

虽然手机支架较小，大多只能在桌面上支撑手机，但手机支架上半部分的手机夹可以拆卸下来（见图5-34），并且多数手机夹的接口是通用的，可以直接与摄影机专用三脚架连接使用。

图5-34　手机支架

手机支架不仅是长时间拍摄固定镜头的利器，在延时摄影中更是必不可少的工具。由于延时摄影需要连续拍摄数小时甚至数日，手机取景框需要始终保持不动，需要使用支架起到支撑、固定手机的作用。另外，在延时摄影期间，有时还需要手动开关机或启动拍摄、暂停键，触碰手机可能会带来手机的晃动或位移，因此使用支架的遥控功能，可使创作者在不触碰手机的情况下，也能实现启动、关机、推拉镜头等操作。

在将手机支架作为自拍杆使用时，手持支架并向外伸展后，就无法触碰手机的开拍、调焦键，而使用支架的远程遥控功能就可以解决这一问题。

2. 手机云台

手机云台也称手机稳定器（见图5-35），主要用于在拍摄运动镜头时稳定手机。虽然主流品牌的手机会加入防抖技术，但仍然无法彻底消除拍摄运动镜头时的画面抖动，而手机云台可以利用高速电机，根据云台姿态实时调整，消除画面的抖动。

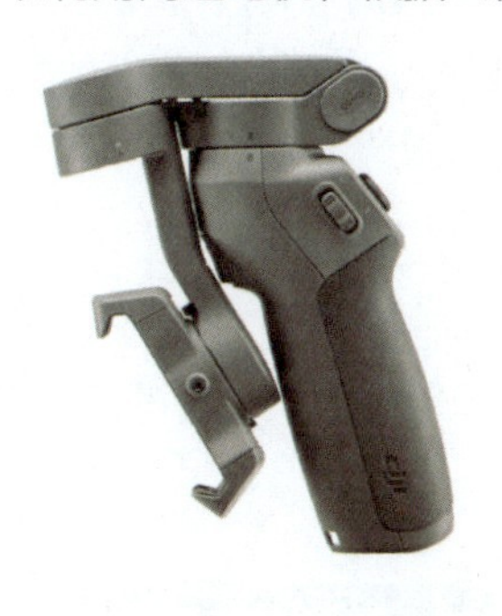

图5-35　手机云台

随着技术的发展，手机云台的功能也更为丰富。其具有的智能跟随功能，在拍摄时能够选定运动物体，手机云台将辅助手机锁定正在运动的被摄对象，并智能地做出角度调整，实现运动跟随，确保运动着的被摄对象不“跑出画框”。手机云台可以实现手势控制启动拍摄，从而可代替遥控启动，还可设置运动轨迹，实现更丰富的运动效果，也可利用预设模板，制作运动镜头的转场效果。

利用手机云台可以设计丰富的运动镜头，实现“电影大片”的效果。另外，有的手机云台也设计了底部支架（见图5-36），可以代替手机支架起到固定手机的作用。这样借助手机云台不仅能完成固定镜头的延时摄影，还可以为延时摄影加入轨道式的运镜效果。但手机云台不能拆开，无法与三脚架对接。

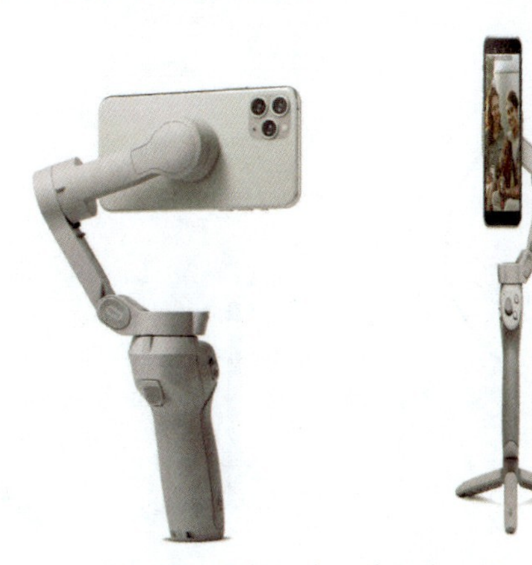

图5-36　手机云台可伸展为支架

5.2.3 补光设备

1. 手机补光灯

摄影摄像是用光的艺术。光不仅可以用于照明，更重要的是可以用于造型，实现抒情、表意的效果。

虽然多数手机都自带闪光灯功能，但这个功能主要用于拍照，而非视频拍摄。因此，一些手机厂商为了提升拍摄效果，开始为手机加装照明设备，如华为推出的环闪保护壳，就是在手机壳中内嵌了补光灯（见图5-37）。补光灯嵌在手机壳上，可以为后置摄像头拍摄的物体照明，而自拍时将其打开并置于手机上方，能很好地为前置摄像头拍摄的画面进行补光。

图5-37　华为手机的环闪保护壳

与补光作用相比，更为实用的是补光灯的造型功能。LED灯可以调出冷光、暖光、混合光3种色温的光，并且有3种亮度，可以渲染氛围。

2. 其他补光灯

与华为专用的环闪保护壳相比，外置的补光灯更为通用。图5-38展示的这类补光灯也是专门为手机拍摄而设计的，三脚架可以固定手机，使得手机可以横拍、竖拍，并配有话筒架。多数补光灯也提供了明暗调节和色温调节的功能。这种补光灯比专业的影视补光灯价格更低廉，非常实用。

图5-38　外置补光灯

5.3 带“网感”的手机剪辑软件——剪映

随着移动短视频应用的普及，各类手机端的视频剪辑软件层出不穷，如Splice、VUE Vlog等。有的是独立的短视频剪辑工具，有的依附于短视频社交媒体应用。但有的剪辑软件在输出时会对视频画面进行压缩，有的会强制加水印，有的则是有时长的限制。本节介绍的剪辑软件——剪映，是用户数量众多的短视频社交媒体应用抖音旗下的剪辑软件。在推出了手机短视频剪辑软件后，剪映又陆续推出了适配Mac、Windows系统的PC端剪辑软件，PC版与手机版的界面相似、通用性强。创作者可以在手机应用商店中下载剪映App，也可以在剪映的官方网站下载。

↘ 5.3.1 利用剪映剪辑短视频

剪映是一款操作方便、易上手的剪辑软件，它几乎囊括了专业视频剪辑软件的所有功能。同时，它还能够为创作者提供丰富的音乐、音效、特效和实时更新的字幕素材，其还有一个好用的功能就是一键生成字幕。对于短视频创作者来说，剪映是一款非常便捷、实用的软件。

1. 视频剪辑

剪映的视频剪辑基本逻辑与PR类似，打开软件并点击“新建工程”，将手机拍摄的视频素材导入视频轨中，点击底部工具栏中的“剪辑”，可对每段视频素材进行精剪，通过组接画面，可形成一个短视频作品。

剪映提供了一键选择视频封面的功能，在视频轨道的最前方，点击“设置封面”，可以直接选择视频中的任意一帧画面作为封面，还可以在设置封面时添加字幕。

2. 音频剪辑

剪映能够进行的音频剪辑操作有4类：处理视频中的原声、后期为视频添加配音、后期为视频添加配乐、后期为视频添加音效。

在导入视频素材后，点击视频轨道中的“关闭原声”可一键关闭视频中的原声。点击底部工具栏中的“音频”，即可为视频添加配音、配乐和音效。

剪映与专业的视频剪辑软件相比，其最大的优点在于能提供丰富的音乐素材。剪映音乐库中的音乐很多，创作者可以将自己喜欢的音乐用到作品中，并在抖音、西瓜视频等短视频平台发布。利用剪映的添加音乐功能，创作者还能导入手机中的MP3文件，也能通过链接提取来自其他平台的音乐，但创作者需要注意版权问题。剪映的音效库提供了多种常用音效，并对音效类型进行了归类。在“添加音频”界面，点击“音效”，即可打开剪映为用户提供的音效库。

3. 添加字幕

短视频中常见的字幕类型有标题或提示性、说明性字幕，以及配音、台词。而剪映与专业视频剪辑软件相比，最大的优势在于有多款字幕模板可以套用，并保持模板的更新，还可以自动将语音识别为字幕。

（1）标题或提示性、说明性字幕的制作

在导入素材的初始界面，单击底部工具栏中的“文字”，选择“新建文本”，在文本框中输入所需文本，可以在监视窗内直接拖动字幕，改变字幕的位置与大小，也可以在工具栏中对文本的样式、字体、出入场动画等进行进一步调整。

创作者可以选择“文字模板”，在模板库中直接套用软件提供的文字排版和配色方案，还可为文字添加动画特效。

（2）配音、台词的制作

如果视频中的配音（又称解说词）、人物台词（又称同期声）较多，则可使用剪映的自动语音识别功能。执行“识别字幕”|“开始识别”命令，在联网的情况下可以自动生成字幕，并自动与画面匹配，添加到时间轨道中，音乐中的歌词也可以识别，如图5-39所示。

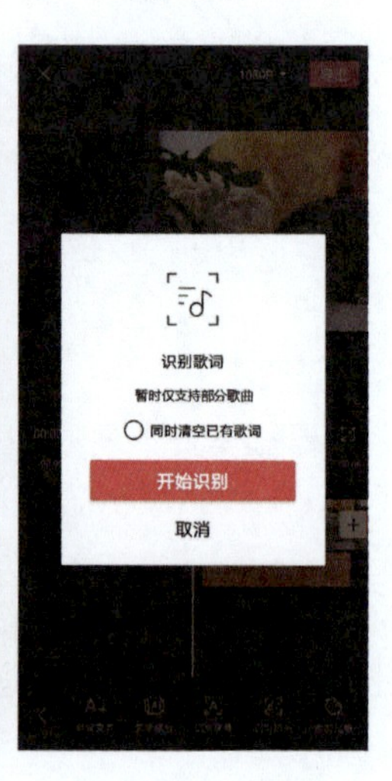

图5-39　自动识别字幕

由于软件自动识别生成的字幕可能存在一定的错误，创作者需要进行校对。当发现字幕中存在错别字时，可进入“文字”编辑界面，双击时间轨中的字幕素材修改。

4. 添加特效

（1）转场特效

如第4章中所述，转场可以分为加特效的转场和不加特效的转场，即无技巧转场。在剪映的视频轨道中，先点击两段画面素材之间的短竖线，随后即可选择合适的转场特效。再点击“应用到全部”，可将当前的转场特效应用到所有转场中。

（2）画面、声音特效

选中视频轨道上的画面素材后，点击底部工具栏中的“滤镜”，可以选择需要的滤镜效果。

点击底部工具栏的“变速”，可以将视频快放或慢放。勾选左下角的“声音变调”，可以实现声音快放或慢放的效果。

底部工具栏中还有“美颜”“智能抠图”“画面降噪”“倒放”“定格”“变声”

等功能，操作起来非常简单。

实战经验笔记

在完成视频的剪辑后，剪映会默认在视频的片尾加入带剪映Logo的结尾，创作者可以直接点击该段结尾删除它，也可以在软件首页中，点击右上角螺丝状的“设置”，关闭“自动添加片尾”。

实训题

使用剪映剪辑一个短视频，以熟悉该软件的操作。

5.3.2　剪出带“网感”的短视频

由于剪映是抖音官方出品的剪辑软件，并与抖音、西瓜视频等短视频平台互通，利用好该软件，能够较为容易地创作出有“网感”的短视频（指符合互联网调性的短视频）。具体技巧如下。

1．使用带“网感”的素材

（1）带“网感”的画面素材

打开剪映，新建项目，在时间轴上单击白色加号，添加视频素材，此时界面切换到“素材库”（见图5-40），可以发现剪映提供了大量带“网感”的素材，包括黑白场、故障动画、时间片段等。素材库是保持更新的。

点击合适的素材，将其添加到时间轴上，可以为短视频增添“网感”。

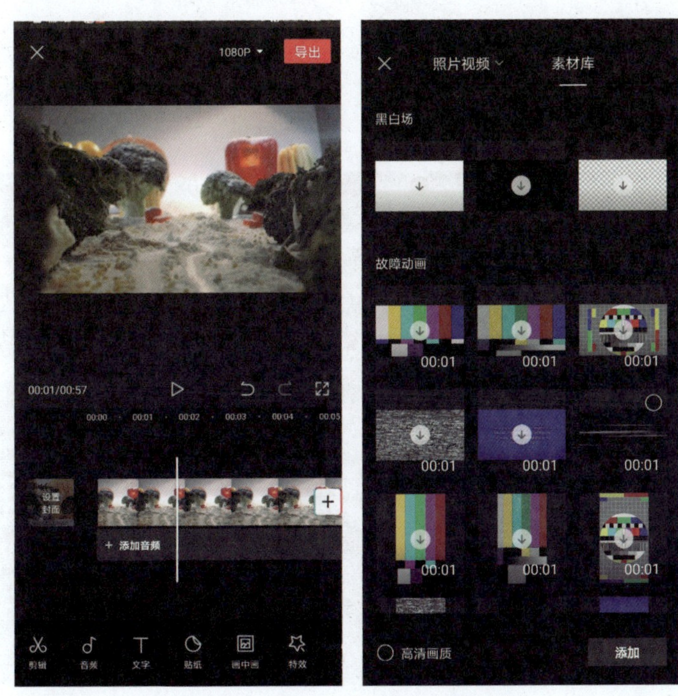

图5-40　带“网感”的视频素材库

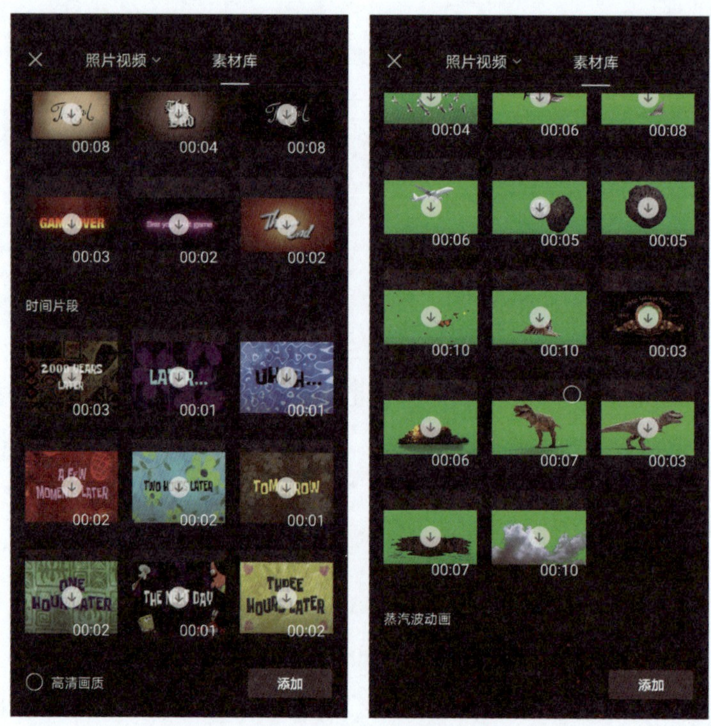

图5-40　带“网感”的视频素材库（续）

（2）带“网感”的贴纸、文字、特效

在底部的工具栏上点击“贴纸”，可以找到大量在抖音中非常热门的贴纸、文字、特效，而且会保持更新（见图5-41）。添加和调整贴纸的方法与添加和调整文字素材的方法相同。

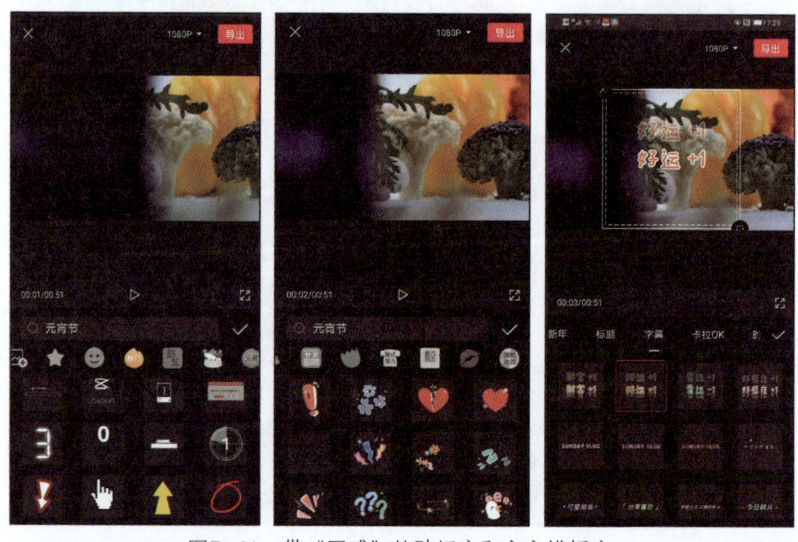

图5-41　带“网感”的贴纸库和文字模板库

在底部的工具栏上点击“特效”按钮，可以找到大量抖音中热门的特效，如“氛围”“动感”“基础”“分屏”等（见图5-42）。添加和调整特效的方法与添加和调整视频滤镜相似。

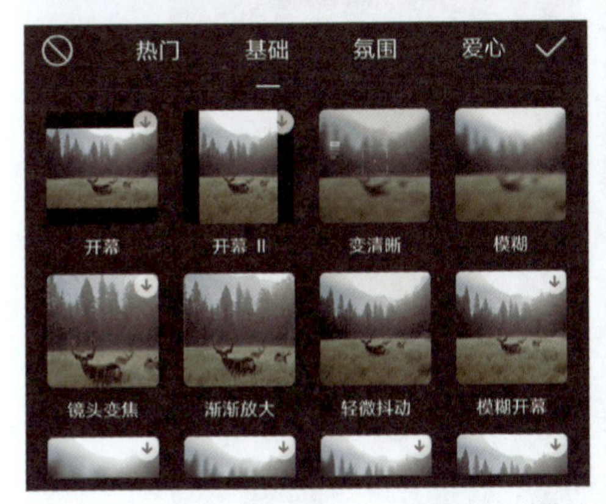

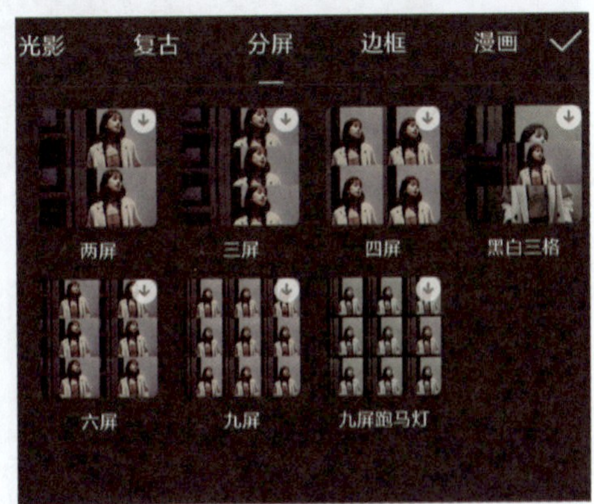

图5-42　带“网感”的特效库

在短视频平台中，我们经常可以刷到这些在剪映中已有的特效、表情包、道具，短视频创作者可迎合短视频平台用户的习惯，选择同款表情包、特效等。

2. 使用带“网感”的音乐

在抖音中，常有大量的热门短视频使用的是同一首热门音乐。在抖音中听到合适的音乐，可点击左下角音乐符号“××创作的原声”，选择“收藏”，或进入抖音音乐榜，收藏适合的热门音乐（见图5-43）。当使用抖音相同的账号登录剪映（抖音账号可以直接登录剪映）时，在抖音中收藏的音乐可在剪映工具栏的“音乐”中的“抖音收藏”中找到。

在剪映中，还有很多专业剪辑软件不具备的功能，例如添加机器人配音（见图5-44）。首先将需要配音的内容作为字幕素材添加至视频中，点击画面中的一段字幕素材，可以看到“文本朗读”功能，点击该功能后选择音色，即可为视频配上相应的机器人配音。

图5-43　在抖音中收藏热门音乐

图5-44　添加机器人配音

3. 借助带“网感”的背景画布

在底部工具栏长按并向左拖曳，可以发现更多工具，点击“背景”按钮，点击“画布颜色”“画布样式”“画布模糊”，选择相应的样式，如图5-45所示。

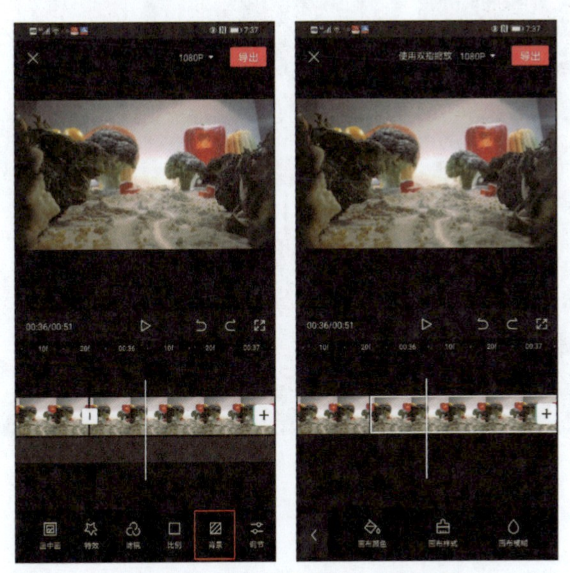

图5-45　为视频素材添加背景画布

短视频创作者经常会遇到要将横屏素材改成竖屏格式的情况，往往可以通过调整短视频的“比例”和“背景”来实现，如图5-46所示。在底部工具栏中点击“背景”按钮，选择“画布模糊”按钮，在获得了模糊的背景后，回到底部工具栏，点击“比例”按钮，选择“9：16”的竖屏比例，再在素材监视窗口中通过双指缩放、拖曳来调整原画框的大小和位置。这样，竖屏画面下部的1/3，就可以留出抖音、快手等短视频平台中文案的位置，而画面上部的1/3，可以用来打上提示性或说明性字幕，增加画面的信息量。

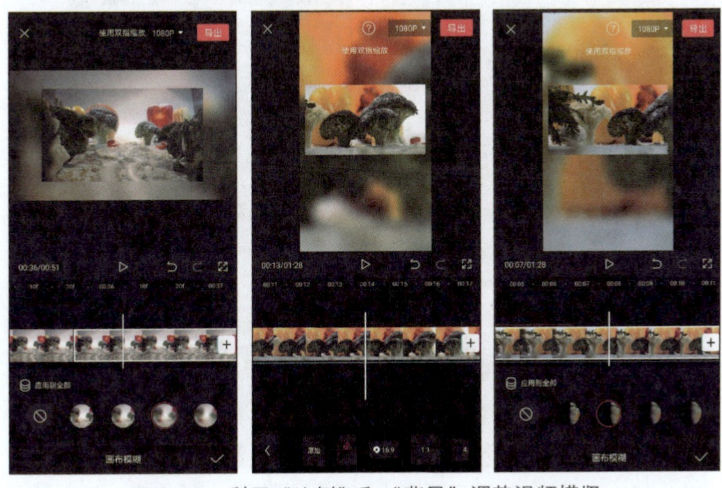

图5-46　利用“比例”和“背景”调整视频横竖

在短视频创作中，这类调整比例、制作背景画布的操作是比较常见的，如图5-47所示。

图5-47　短视频中常见的调整比例、制作背景画布

4. 设计带“网感”的分屏效果

在底部工具栏中点击“画中画”，可以为原有视频再添加一个视频轨，即将一幅画面叠加在另一幅画面之上。用两根手指同时长按素材监视窗口并向内进行缩放，当置于上层的画面缩小后，可以看到置于下层的另一幅画面，因此创作者也可以按实际创作需要，自由排列两幅画面，既可以做成“画中画”的效果，也可以做成“分屏”的效果，如图5-48所示。

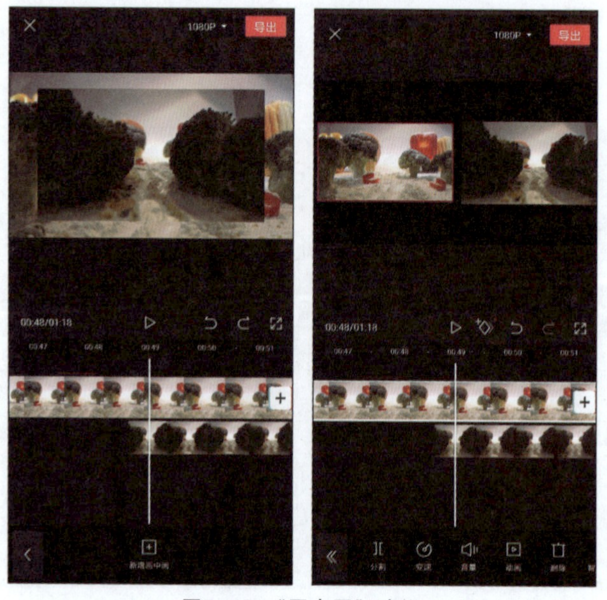

图5-48　“画中画”功能

在短视频创作中，这类“画中画”“分屏”效果是比较常见的，如图5-49所示。

图5-49　短视频中常见的“画中画”“分屏”效果

5. 参与平台推出的热门主题活动

抖音经常推出热门的主题活动，第2章强调了创作者要积极参与这类热门主题活动。参与的方式，除了在抖音中参加“拍同款”活动外，还可以在剪映中参加“剪同款”“跟拍”等。创作者在“消息”中能及时发现热门主题活动，如图5-50所示。

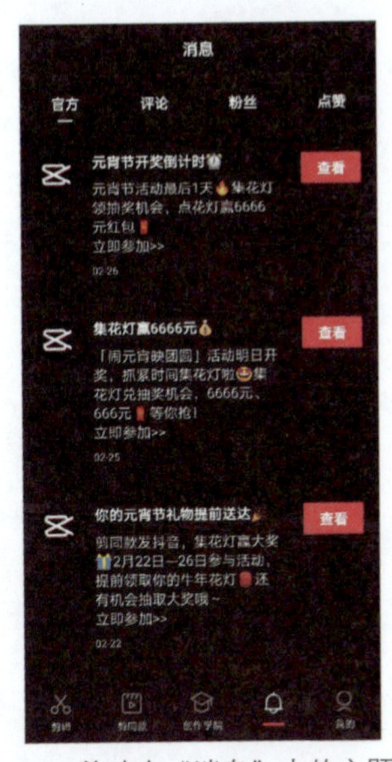

图5-50　剪映中“消息”中的主题活动

打开剪映首页，在底部菜单栏找到“剪同款”，点击也可以看到热门模板。创作者可以套用模板，迅速创作出使用同款字幕、特效、配乐的短视频。剪映中的“拍摄”功能提供了“跟拍”模式，也有大量的模板可供套用。

这类短视频虽然原创性不强，但是在短视频平台中的社交性强，由于参与了网民的共同“狂欢”，仍然是浏览量、点赞量较高的一类短视频。

课后练习题

1．手机拍摄与专业相机、摄像机拍摄相比，具有哪些优势和劣势？结合实际，谈谈应如何扬长避短，用好手机进行拍摄。

2．使用手机拍摄、剪辑一部以校园生活为主题的短视频作品，要求灵活运用特效、素材，做出带“网感”的作品。

3．请分析一个热门短视频作品，使用手机剪辑软件做出与该短视频相同的效果。

4．在剪映的“消息”中搜寻热门主题活动，关注该活动在抖音、西瓜视频等短视频平台上的热度，分析该主题下哪些短视频作品更易成为“爆款”。

5．在PC端下载剪映，尝试使用PC端的剪映剪辑短视频，比较它与使用手机端软件剪辑相比具有哪些优劣势。结合实际，谈谈如何扬长避短，用好手机端与PC端，提高工作效率。

第 6 章 短视频创意案例

【学习目标】

- 借助摄像器材实现创意短视频的制作。
- 借助拍摄技巧实现创意短视频的制作。
- 借助剪辑软件实现创意短视频的制作。
- 举一反三，创作出更多的创意短视频。

随着短视频摄制技术的普及，观众的审美标准也在提高，而短视频行业的市场竞争也从早期用户数量的竞争转向内容生产的竞争，以用户生产为主体的UGC模式也转向以专业生产为主体的PGC模式，这对短视频创作者提出了更高的要求。本章主要介绍如何通过更轻量级的摄像器材，运用拍摄技巧，引入更丰富的后期技术，实现短视频的创新。

6.1 借助摄像器材

过去影视行业的从业门槛较高，设备器材价格昂贵，技术操作较为复杂，如今借助一些新的摄像器材与技术，创作者可以以低成本实现电影级“大片”的效果。

6.1.1 “炫酷大片”与全景相机

影视作品的魅力不仅在于它能还原生活，还在于它高于生活，能拍摄出人们在日常生活中看不到的“大场面”。

1. 案例展示

图6-1展示的是大广角的拍摄效果，以极宽广的视角、镜头的运动来全方位地展示环境，整体气势恢宏。过去，这样的大场面拍摄，是借助装有广角镜头的摄像机与大摇臂（见图6-2）来实现的。这些专业的拍摄器材价格不菲，技术门槛和人力成本都很高。但如今创作者借助很多新的技术和小巧的拍摄器材，就能轻松实现这一效果。

图6-1 大广角的拍摄效果

图6-2　采用大摇臂进行拍摄

2. 摄制工具

拍摄设备：全景相机、自拍杆。

辅助设备：滑板、平衡车等。

常规的相机或手机只能记录一个方向的画面，而全景相机有多个摄像头，朝着多个方向，可以同时记录360度视角的画面，即实现了“全景”的拍摄。

市面上部分全景相机在拍摄完成后，需要创作者使用后期软件手动进行拼接、修补，才能得到完整的全景画面。而以Insta360为代表的全景相机，则做了进一步的技术升级，能够实现画面的智能拼接，并能实时观看拼接效果，使用极为便捷。图6-3仅展示了画面拼接后的一个方向的画面，事实上，该相机还可以用于VR视频的拍摄与剪辑。在前期拍摄完成后，可以用该相机自带的剪辑软件进行视频剪辑，或者在PR中添加相应的插件，即可进入VR视频的编辑模式，进行后期视频剪辑。在视频输出时，选择以VR视频格式输出，并将其导入VR眼镜中，即可观看到VR式的全景画面。

图6-3　Insta360全景相机及其拍摄的效果

图6-3呈现的是仅有两个摄像头的全景相机，价格较为低廉，而更为专业的全景相机的摄像头有6个或8个，如图6-4所示，画面清晰度更高，拼接效果更好，能使观众拥有更好的VR沉浸式体验。

图6-4　专业级全景相机

3. 摄制技巧

在短视频创作中，更多是使用价格较为低廉的消费级的全景相机，下文就以使用消费级全景相机进行拍摄为例进行讲解。将相机固定在配套的自拍杆上即可进行拍摄。相机的超大广角镜头加防抖技术，使得即使是在手持自拍杆的情况下，观众也基本察觉不到短视频创作者拍摄时的晃动。将相机接入官方出品的配套手机软件，即可将手机作为监视器和遥控器，在手机上进行全景视频的拍摄、剪辑等。

在使用全景相机进行拍摄时，创作者还可以借助滑板、平衡车等，拍摄出更多样的运动镜头。

实战经验笔记

在实际的拍摄过程中，全景相机更擅长以大全景的方式来记录和展示画面，而一部短视频作品往往是通过多个镜头的组接、不同景别的切换来叙事、表意的。因此，只有将全景相机拍摄的镜头与其他景别的镜头组接，才能为观众提供较好的观感。如果完全依赖全景相机摄制短视频，后期画面的景别会过于单调，易令观众产生审美疲劳。

↘ 6.1.2 “第一视角”与运动相机

过去拍摄“第一视角”的运动镜头，摄像师需要将笨重的摄像机固定在该运动的物体上，或架在拍摄影视作品专用的轨道上，才能完成这类拍摄任务。而现在随着技术的发展，一款小巧的运动相机配上丰富的配件，就能方便地记录下运动中的画面。

1. 案例展示

图6-5展示的拍摄效果即为“第一视角”拍摄，也称“主观视角”。观众在观看这类画面时会产生强烈的沉浸感，仿佛自己置身现场，特别是在展示追赶、跳跃、高空跳伞、蹦极等运动的画面中。

图6-5　“第一视角”的运动镜头

2. 摄制工具

拍摄设备：运动相机（见图6-6）。

辅助设备：固定头盔、绑带或固定底座等。

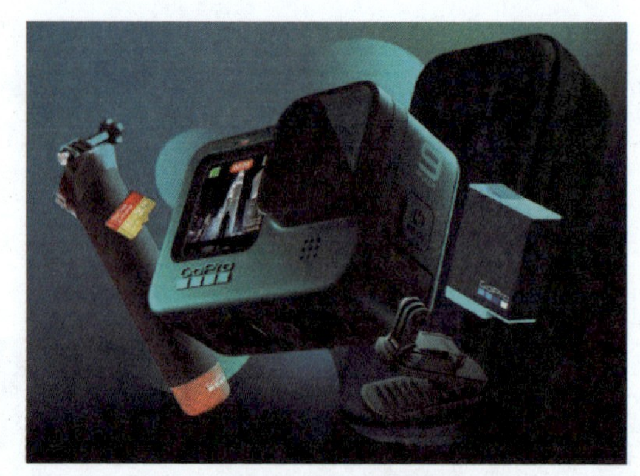

图6-6　运动相机

3. 摄制技巧

图6-7展示的这类运动相机，以小巧便捷、超广视角和防抖技术等优势占领了市场。它可以固定在头部、胸前（见图6-7），也可以固定在汽车、自行车上（见图6-8），还可以加防水罩进行潜水拍摄，通过不一样的拍摄视角，能展现不一样的震撼的效果。

图6-7　绑在头部的运动相机

图6-8 绑在自行车上的运动相机

目前一些品牌的运动相机也能够实现全景相机的全景拍摄功能，创作者在选择拍摄设备时可以综合考虑。

实战经验笔记

在使用运动相机时，创作者可以在拍摄角度和运动方向上进一步创新，从而创作出丰富、有趣的运动镜头，例如让被拍摄的人物或动物跨越镜头、让相机穿过物体等。

6.1.3 微距拍摄与LAOWA镜头

一些特殊的拍摄器材能为创作者提供许多具有创意的拍摄思路，例如LAOWA镜头。

1. 案例展示

图6-9展示的画面中，观众似乎在由食物搭建出的“森林”中探索，有种进入小人国的错觉。这样趣味性的微距拍摄采用了一款特殊的镜头——LAOWA镜头，俗称“老蛙镜头”。

图6-9 “小人国”般的微距世界

2. 摄制工具

拍摄设备：LAOWA镜头（见图6-10），适配的单反相机、微单相机、摄像机。

辅助设备：滑轨、摄影灯、三脚架。

一些LAOWA镜头属于特种微距镜头，可以接在普通的单反相机、微单相机、摄像机（见图6-11）上。其细长的镜身，可以进入常规镜头难以进入的狭小环境中拍摄，而2倍的放大倍率和大景深让其在拍摄照片和视频时，能将微距的细节和宏大的背景环境融为一体，从而拍摄出人眼无法近距离观察，且使用其他镜头无法拍摄出的特殊视觉效果。LAOWA镜头前端20cm进行了防水处理，让镜头可以深入水中进行拍摄，满足一些拍摄特殊环境的需要。另外镜头前部还配有防水LED常亮灯，可以在一些难以补光的拍摄条件下补光。

图6-10　LAOWA镜头

图6-11　安装在摄像机上的LAOWA镜头

3. 摄制技巧

将LAOWA镜头安装在适配的相机上即可进行拍摄。长长的镜头除了可以拍摄微距画面（见图6-12），还可以深入拍摄景物的内部，也可以拍摄水下的微观世界（见图6-13）。

图6-12 LAOWA镜头拍摄到的微距画面

图6-13 使用LAOWA镜头拍摄水下画面

拍摄图6-9展示的“小人国”画面时，如需要推镜头深入“小人国”，制造“探索感”，可以配合使用相机的滑轨，保证拍摄时的平稳度，如图6-14所示。

图6-14　使用LAOWA镜头配合滑轨进行拍摄

↘ 6.1.4　“鸟瞰视角”与航拍无人机

过去，航拍是“大制作”，但随着航拍技术的成熟、无人机价格的下降，航拍镜头也开始在低成本的短视频作品中出现。

1. 案例展示

图6-15展示的这种“鸟瞰视角”在日常生活中并不常见，因此当这样的画面出现在短视频当中时，往往会令观众眼前一亮。尽管这样的远景、全景，在片中往往只出现几秒，却能通过镜头语言表现出恢宏的气势，或者烘托出源远流长的意境。这样的画面就是用航拍无人机拍摄出来的。

随着航拍技术的成熟，掌握这门技术的门槛逐渐降低，然而，一些因航拍操控不当而引发的事故也频频出现，引起了业内的高度关注。进行航拍，需要经过系统的学习和扎实的操作训练，严格遵循航拍的相关规范，严守城市的禁飞要求。要知道，航拍无人机并不是“玩具”。

图6-15 “鸟瞰视角”画面

2. 摄制工具

拍摄设备：航拍无人机（见图6-16）。

辅助设备：手机。

以大疆为代表的航拍无人机已经被广泛应用于专业航拍领域，其能实现4K视频拍摄、8K移动延时摄影等。

图6-16 航拍无人机

3. 摄制技巧

一是创作者使用航拍无人机进行拍摄之前，一定要经过专业的学习培训。只有经过长期的实践训练，才能成为合格的航拍摄像师。在操作不熟练的情况下，如果出现操控不当与树枝或楼宇刮擦、风力过大、雨雾天气、信号不稳等情况，都可能会令航拍无人机从空中坠落，俗称“炸机”。这样不仅会损坏机器，更会对地面行人的人身安全造成巨大的威胁。

二是了解禁飞要求。目前，部分航拍无人机，在启动后会显示当前所在城市的禁飞区域，但可能会出现更新不及时的情况。有时城市中举办大型活动，基于安全的考虑，会临时对某个区域做航拍行为的管制，并有可能开启航拍信号干扰设备。如果不提前了解具体信息，航拍无人机起飞后出现信号丢失，也会导致“炸机”。另外，航拍的禁飞区的边界区域，也是很有可能出现信号丢失的区域，因此航拍要远离禁飞区。

三是在拍摄起飞之前，还需要观察周边的环境。空旷无人的环境是航拍的最佳场所。森林、山区信号可能被遮挡，海面上、偏僻的农村也可能出现航拍无人机信号丢失的现象，造成“炸机”。

实战经验笔记

在重大新闻事件发生时，有时记者无法进入事故现场，又需要第一时间获取现场画面，使用航拍无人机就能轻松达成目的。另外，要展现盛大的活动场面、风景全貌等画面时，航拍无人机有着其他拍摄设备无可比拟的优势。如果是在四处拥挤、高楼林立的城市中，创作者只需要在高处使用装有超广角镜头的相机向下拍摄，也可以实现类似的鸟瞰效果，不必冒着航拍无人机“炸机”的风险强行航拍。

航拍无人机通常可完成20分钟左右的连续拍摄，在电量较低时，需要及时返航。同时，目前大多航拍无人机是以手机作为监视器来显示拍摄画面或操控的（见图6-17），这除了对连接的手机的性能有较高的要求外，创作者还要尽量避免在拍摄过程中受到电话或其他干扰，影响对航拍无人机的操控。

图6-17　以手机作为航拍无人机的画面监视器

在操控航拍无人机时，建议由两人同时在拍摄现场操控无人机完成航拍。其中一人专注于航拍无人机的操控，另一人则可以专注于把握画面构图，提醒飞行操控者调整飞行线路来优化画面构图。如果拍摄过程中无暇兼顾构图，也可以通过后期裁剪画面的方法来调整。

实战经验笔记

航拍的画面角度较为单一，长时间播放会引起观众的审美疲劳，而一部短视频作品往往是通过多个镜头的组接、不同景别的切换来叙事、表意的。因此，航拍画面往往要与其他设备拍摄的画面通过后期剪辑组合在一起，形成短视频作品。第4章介绍过，如果采用不同机型拍摄，在后期剪辑时，可能会出现画面色调的差异，解决的办法是所有机器均采用LOG模式拍摄，后期做LUT调色处理。

6.2 借助拍摄技术

除了借助摄像器材，创作者还可以利用一些拍摄技术，拍出具有电影“大片”效果的短视频。

↘ 6.2.1 “风起云涌”与延时摄影

在一些短视频作品中，我们会看到一些风起云涌、日出日落、车水马龙的大场面。在短短几秒的时间内，山间风云变幻，云卷云舒，大有人生潮起潮落的寓意。有的画面则是城市中车流穿梭，车灯在道路上划出一道道光的轨迹。这样的“大场面”，往往用在短视频的开头、结尾，或用于对环境的交代，或用于表达光阴似箭、时光飞逝、似水年华等意境。

1. 案例展示

图6-18这样的画面使用的就是“延时摄影”技术，也叫缩时摄影，在很多短视频作品中都会采用。它的原理是，25帧/秒的视频是1秒内播放25幅连续的画面，但如果这25幅画面不是连续的，而是间隔了较长时间，当把它们放在一起连续播放时，观众就可以看到几小时、几天甚至几个月间的变化，从而得到“压缩”时间的效果。

图6-18　“车水马龙”“风起云涌”的画面

从本质上来说，延时摄影是摄影而非摄像。早期的创作者们会在定时记录这些画面后，将它们组合成一段视频，而如今的相机、手机变得更加智能，只需要一个按键，就能够直接将这些照片组合成视频输出。

2. 摄制工具

拍摄设备：单反相机、微单相机、部分型号的运动相机、部分型号的手机。

辅助设备：三脚架或章鱼支架。

市面上绝大多数单反相机、微单相机、中高端智能手机都有延时摄影功能。随着延时摄影的流行，市面上也出现了专门用来进行延时摄影的小相机。这是由于延时摄影往往耗时较长，而所拍摄的镜头只在片中出现几秒，如果专门使用一台相机去进行延时拍摄，性价比很低。选择一台小巧的延时摄影相机（见图6-19）或运动相机，配上章鱼式的支架（见图6-20），架设在任意位置，就能进行长时间的记录，例如记录下工地从一片黄土到拔地而起，记录某个景点春夏秋冬的四季变化等。

图6-19　小巧的延时摄影相机

图6-20　运动相机配合章鱼支架

实战经验笔记

现在很多车主的汽车上都装有行车记录仪，很多户主家中也装有远程监控器，如果用这些设备拍摄出来的视频成像效果较好，拍摄角度较巧妙，创作者可以将所拍摄的视频进行剪辑，添加上快速播放的特效，也能实现延时摄影的效果。

3. 摄制技巧

在延时摄影的过程中，要特别注意的是，拍摄的机位和取景的范围不能有任何变化，换言之，相机的三脚架、支架是不能移动的。因此，拍摄的第一步应当是选好三脚架或支架的架设位置，确定相机的取景方向，并确保在长时间的拍摄中该拍摄器材不会被挪动或遮挡。

随后启动延时摄影功能。使用手机、运动相机进行延时摄影时，操作都较为简单，此处不予赘述。而相机的设置则相对复杂，以松下LUMIX S1H相机为例，在该相机中，延时摄影对应的并非是视频拍摄模式，而是拍照模式中的“定时拍摄”功能。

首先拨动相机左上角的拨轮（见图6-21），将相机调至拍照模式，再选择“定时拍摄/定格动画”模式。图6-22展示的是相机的各种拍照模式。

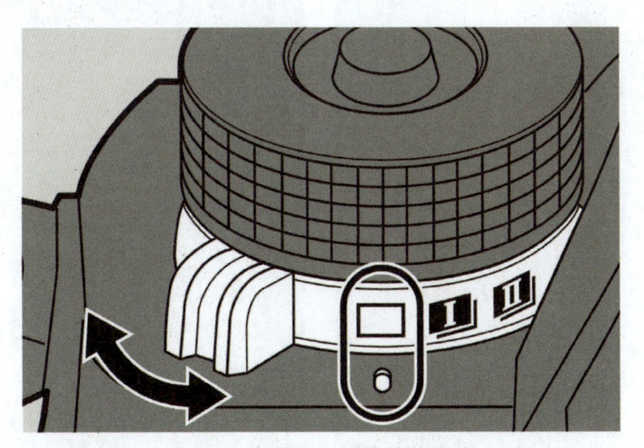

图6-21 用相机拨轮调整模式

[□]	单张	每次按快门按钮拍摄1张图像
[I]/[II]	连拍	在按住快门按钮时连续拍摄图像，也可进行6K/4K图像的拍摄
[⏱]	定时拍摄/定格动画	用定时拍摄或定格动画拍摄图像
[⏲]	自拍定时器	按快门按钮，在经过了设置的时间后，相机自动拍摄图像

图6-22 不同的拍照模式

在相机显示屏的菜单中，找到“定时拍摄/定格动画”模式，调整好相关参数，确定每间隔多少秒自动拍摄一次，确定开始拍摄的时间和结束拍摄的时间。此时，在相机右下角会显示将要拍摄多少张图像。将相机安装在三脚架上，按下快门按钮，相机就会按照设定的时间间隔自动开始拍摄。

在全部拍摄完成后，相机显示屏会自动跳出“立即生成视频”的选项，确定后，延时摄影的“大片”就完成了。

↘ 6.2.2 “灰姑娘魔法”与停机再拍

在灰姑娘的故事中，南瓜变成了马车，老鼠变成了车夫，而灰姑娘的破衣服也变成了绚丽的晚礼服。这样的场景不只发生在童话里，还会出现在短视频中。19世纪末，法国电影导演乔治·梅里爱在一次意外中发现了“停机再拍”的神奇之处，并在1899年创作《灰姑娘》的过程中首次使用了“停机再拍”，完成了“魔法”。时至今日，各类“变脸”“变妆”“变身”类短视频也大量出现在短视频平台中，展示着独特的魅力。

1. 案例展示

在抖音、快手等短视频平台中，可以看到图6-23展示的大量令人惊艳的变妆短视频，它的创作用的就是乔治·梅里爱导演发现的“停机再拍”原理。

图6-23 “变妆”“变身”短视频

停机再拍是一种比较常用的特技摄影。它是指在拍摄一段画面后停机，对被摄主体做出调整，如位置调整、数量增减、主体替换，再开机拍摄。如此循环往复，就跳过了变化过程的记录，只记录下了变化前后的画面，最后能呈现出被摄主体突然出现、突然消失、突然变换、突然位移等效果，令观众产生一种“变”的惊喜感。

2. 摄制工具

拍摄设备：单反相机、微单相机或手机。

辅助设备：三脚架或手机支架。

3. 摄制技巧

“停机再拍”的拍摄步骤并不复杂，不需要依赖后期特效就能轻松实现，但前期的策划创意非常重要，创作者需要精心地设计分镜头脚本，并在此基础上进行拍摄。

常见的“变妆”短视频分镜头脚本如表6-1所示，将同一机位的停机再拍画面剪辑在一起，即可形成“变妆”效果。

表6-1　常见的“变妆”短视频分镜头脚本

镜号	景别	拍摄手法	画面描述	参考画面
1	中景	停机再拍	女主角身穿服装1从台阶上走下来	
2	中景	停机再拍	女主角身穿服装2从台阶上走下来	
3	中景	停机再拍	女主角身穿服装3从台阶上走下来	

停机再拍的全过程中，拍摄机位和取景范围不能变化，同时画面内需要有不变的景物或人物作为参照物，让观众在观看时形成“变魔术”的错觉。例如拍摄背景不变，主体变了，或拍摄的主体和背景不变，主体的某个关键道具变了，又或者拍摄主体和道具均不变，背景变了。

例如表6-1中的短视频，依据该分镜头脚本，它的拍摄步骤是先架好拍摄器材，第一次开机后拍摄镜号1，随后停止拍摄；在停机期间，让女主角换衣服，回到原先的位置，再次开机拍摄镜号2；随后再停止拍摄，让女主角换衣服，开拍镜号3，最后停止拍摄。

在完成了所有镜头的拍摄后，将以上画面剪辑在一起，即是“灰姑娘魔法”的效果。

实战经验笔记

在实际操作过程中，创作者往往会在停机再拍的两个镜头之间加上一个转场镜头，例如图6-24的前两幅画面，主角挥舞雨伞，遮挡住了镜头，将这个遮挡转场利用起来，成了“停机”的契机。而开机后的下一个镜头，也从这个遮挡的雨伞的画面开始，这样可有效地解决停机过程中出现的画面主体位移的问题，“变”的惊喜感就更强了。这个案例中，拍摄设备的位置并不是固定的，而是随着主角从地铁的外部进入地铁内部。地铁门遮挡住镜头的那一瞬间，成为“停机”的契机，在开机后的下一个镜头，是从地铁门遮挡住镜头的那一刻开始，这就避免了“穿帮”。

图6-24　加入转场镜头的停机再拍

6.2.3 “流光溢彩”与“虚焦”

在一些影视作品中，我们经常能看到“流光溢彩”画面，它不仅适用于呈现奇景，有时还可用于转场，表现城市的喧嚣与主角落寞的心境。

1. 案例展示

图6-25展示的这部短视频作品并不是用后期特效制作出来的，而是创作者Stanislas Giroux在拍摄烟花时使用佳能Eos550D加一个50mm的标准镜头，用f/1.8的光圈拍摄

而成的，通过调整画面的对焦点，形成了“虚焦”的效果，使得烟花画面变得奇幻起来，再搭配具有神秘感的音乐，创作出了这一独特的视觉景观。

图6-25　“虚焦”的烟花

3.2.2节曾介绍了“对焦”，对焦是指在拍摄的过程中，确保焦点始终是准确地落在被摄主体上的。但图6-25展示的这个案例，是故意“虚焦”拍摄的。

在短视频中，也有很多镜头故意采取了这种“虚焦”效果来转场，或表达某种意境，如图6-26所示。

图6-26　短视频中的“虚焦”镜头

2. 摄制工具

拍摄设备：单反相机、微单相机、大光圈的镜头。

辅助设备：三脚架。

实战经验笔记

在拍摄“虚焦”镜头时，建议不要使用手机拍摄。一方面，智能手机大多是自动对焦的，创作者往往无法自由地把控对焦点。另一方面，通常智能手机的感光能力不强，在拍摄夜景时，往往会出现明显的“欠曝”现象，画面中噪点过多。

3. 摄制技巧

以松下LUMIX S1H为例，首先要将相机调整至手动对焦模式（见图6-27）。通常相机有两种对焦模式，AF模式和MF模式，AF即Auto Focus，自动对焦模式，MF即Manual Focus，手动对焦模式。

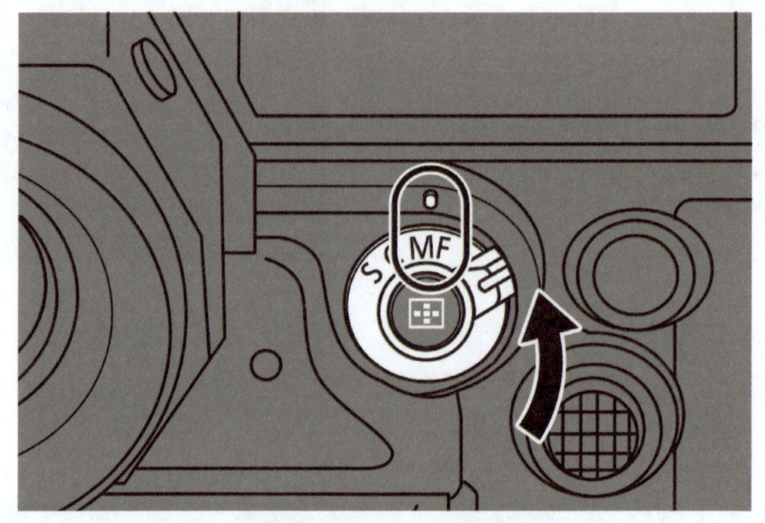

图6-27 调至手动对焦模式

随后调整相机的对焦环（见图6-28），让焦点落在被摄物体的前方或后方。

图6-28 调整对焦环

注意区分对焦环和变焦环。图6-28展示的是用于对焦的对焦环，而图6-29展示的是变焦环。变焦环是用来调整变焦镜头的焦距的，例如镜头从广角调整成长焦，画面则从远景调整成近景。

图6-29　相机的变焦环

6.2.4　惊艳瞬间与高速拍摄

短视频的魅力不仅在于表意抒情，它还是一场视听盛宴，能够向观众展示肉眼看不见的奇观，例如使用高速摄像机抓拍运动瞬间的画面，再用慢速播放，即通常所说的“慢镜头”。

1. 案例展示

图6-30展示的画面就是用高速摄像机进行拍摄，再用慢速回放的效果。第3章和第5章都提到了帧率的设置，通常视频的帧率为每秒25帧或30帧，但高速摄像是以超过每秒250帧的帧率来抓住运动的瞬间细节，例如每秒960帧可抓拍到流水、飘雪的细节，每秒1920帧可抓拍到击球的瞬间，每秒7680帧可抓拍到射击、爆炸的瞬间。

图6-30　高速抓拍的动作瞬间

2．摄制工具

拍摄设备：部分型号的相机或部分型号的智能手机。

辅助设备：三脚架、手机支架。

相比之下，高速拍摄对拍摄设备的要求较高，帧率必须能设置得非常高，才能保证在极短的时间里拍下大量的画面，从而完整、清晰地记录下整个运动变化的过程。这给拍摄设备的感光技术和图像处理技术都带来了挑战。因此，过去只有高速摄像机能满足这种特殊的拍摄需求，但高速摄像机售价高昂，用途却不广泛，主要用于抓拍发射子弹、爆破等速度极快的运动瞬间。如果创作者只是想抓拍行人走过这样的画面再将其做成“慢镜头”，其实使用普通的相机、摄像机，采取高一些的帧率进行录制，再在后期剪辑时添加慢速播放的特效即可。也正因为如此，速度极快的运动的瞬间画面在过去并不常见。但如今，技术的发展使得低成本的短视频作品中也出现了这样的画面。例如，华为的部分机型能提供320倍慢放、7680帧的拍摄效果，图6-30和图6-31就是用它拍摄的画面。

3．摄制技巧

拍摄这类瞬间画面最大的问题就是场景的布置与设计。创作者需要考虑如何合理置景，才能使画面呈现出惊艳的效果，例如给物体添加颜料、闪粉等，使得瞬间爆发的力量可视、可感。例如，在图6-31的视频中，这个小球就是通过简单设计的发射设备弹出去的，拍摄者精心地给小球添加了颜料，从而构成了“彩色星球”的奇妙景象。

图6-31　高速抓拍的小球

在做好置场景后，将相机或智能手机中的帧率调整到自己需要的帧率，就可以开始拍摄了。拍摄时不要一味追求高帧率，用过高的帧率拍摄不仅对拍摄设备的感光元件和画面处理速度的要求高，还会成倍地增加视频占用的储存空间。

高帧率的视频拍摄完成后，在剪辑时为视频做慢速播放处理，即添加“慢镜头”特效即可。有的相机或智能手机可以自动将其处理为慢速播放的视频，如果拍摄的速度过慢，后期也可以加快播放速度。

6.3 借助后期剪辑

一些电影“大片”的特殊效果，是通过后期剪辑添加特效得到的。剪辑软件技术门槛的降低，使得短视频创作者也能使用各类特效，从而快速创作出丰富、有趣的作品。

6.3.1 “科幻大片”与抠像技术

电影大片中经常会添加特效，以得到主角“上天入地”的奇幻效果，但电影的制作成本较高。在短视频制作中，无论是时间成本、人力成本，还是耗材成本，都是创作者需要考虑的。高成本的大制作在短视频中是不建议采用的。当前技术下沉、各类软件层出不穷，能帮助创作者轻松地制作这些特效，从而较好地解决后期特效制作成本过高的问题。

1. 案例展示

在短视频平台中，我们经常可以看到一些具有创意的短视频，如图6-32和图6-33所示，它们制作起来并没有想象中的那么难。在短视频创作界中，流传着“五毛特效”的说法，是指用看起来很廉价的特效也能实现“新、奇、特”的效果。这样的特效不仅能满足用户猎奇的心理需求，还能很好地控制制作成本。

图6-32 使用了抠像技术的画面

2. 摄制工具

拍摄设备：单反相机、微单相机、摄像机或智能手机。

辅助设备：三脚架、手机支架、绿幕，其他具有戏剧效果的辅助道具。

剪辑工具：PR、剪映等后期剪辑软件。

3. 摄制技巧

拍摄这类创意短视频，前期的创意设计非常重要。创作者需要精心准备分镜头脚本，把创意的细节梳理清楚，在此基础上进行拍摄。接下来以拍摄图6-32中的两个案例来进行展示。

图6-33 短视频平台中的一些创意作品

（1）前景实拍的短视频

在图6-32中，画面中的主体是实拍的。在拍摄过程中，给背景覆盖了绿幕，后期再使用抠像技术，在原本的绿幕区嵌入其他视频素材。

首先创作者需要拍摄一段人物开门的画面，如图6-34所示，门外是一块绿幕。

图6-34 拍摄人物开门的画面

随后找到卡通形象的视频素材，将其导入剪映中，点击“画中画”按钮，将开门的素材导入，如图6-35所示，点击下方的“色度抠图”按钮，用色轮点选绿色，点击“强度”按钮，调整“强度”值以达到满意的抠像效果，如图6-36所示。

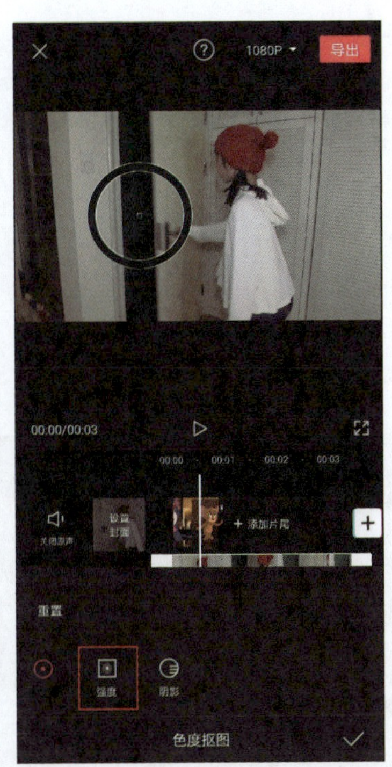

图6-35　使用“色度抠图”抠除绿幕

图6-36　抠除绿幕后的画面效果

（2）背景实拍的短视频

创作者还可以反其道而行之，给实景画面添加上绿幕素材，例如雨水、火焰、炮弹、玻璃碎片等，就可以获得主角“召风唤雨”等各类奇异的效果。具体的做法是，拍摄主角“召风唤雨”的实拍画面，在剪辑时，将绿幕素材置于实拍画面的视频轨之上。

在剪映中，有大量的绿幕素材提供给创作者。添加绿幕素材的步骤是，首先将拍摄好的画面素材导入剪映的视频轨上，然后长按底部工具栏并向左滑动，找到“画中画”按钮，以“画中画”形式添加视频，最后在“素材库”中找到绿幕素材进行添加，例如添加一个恐龙行走的绿幕素材，操作如图6-37所示。

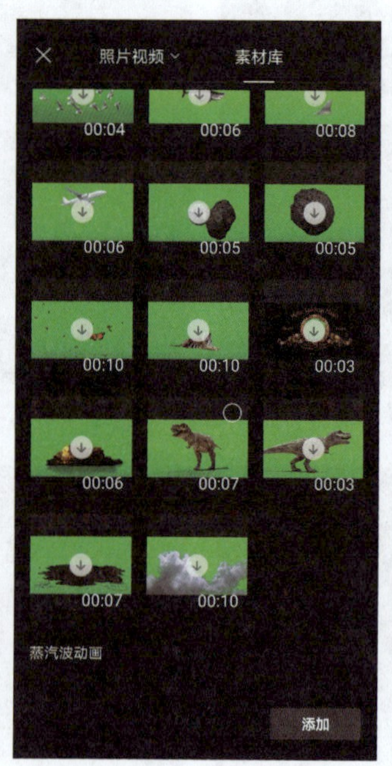

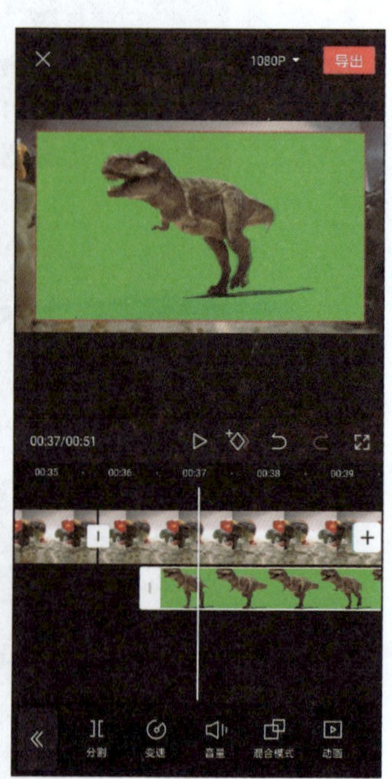

图6-37　通过“画中画”在视频轨上添加绿幕素材

选中恐龙绿幕素材，在底部工具栏中点击“色度抠图”按钮，在随后弹出的“色度抠图”菜单中选择“取色器”，在上方监视窗中拖动圆形环至绿幕区域，即可选中绿色部分作为取色器所选择的颜色，如图6-38所示。

点击“强度”按钮，长按并拖动以调整“强度”的数值，随着数值的增大，绿幕会逐渐消失。点击监视器中的恐龙绿幕素材，调整其大小、位置，使恐龙与背景协调，如图6-39所示。

在实际工作中，有时不用绿幕，而是采用蓝色幕布，也能实现较理想的抠像效果。幕布的颜色是根据现场环境和被拍摄物体的颜色来调整的。

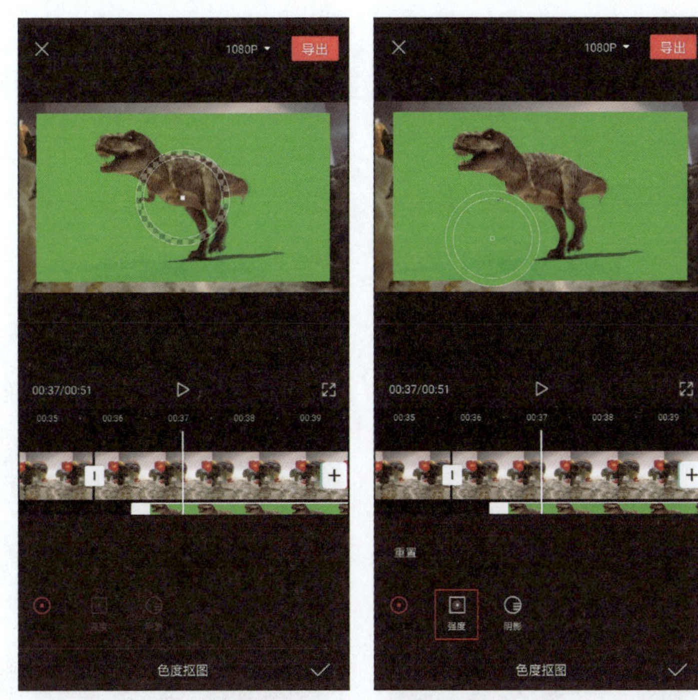

图6-38　用“取色器”选择颜色

图6-39　调整色度抠图的强度和恐龙绿幕素材的位置、大小

实战经验笔记

使用绿（蓝）幕的时候，主角不能穿绿（蓝）色或接近绿（蓝）色的衣服，其他需要保留在画面中的物体，其颜色也不能接近绿（蓝）色，否则这些服装、道具中绿（蓝）色的部分，会在“色度抠图”时一并被抠除，在画面中消失。另外，不建议主角的发型“毛糙”，否则发丝的部分较难抠除。

室内拍摄也经常采用绿幕或蓝幕，来实现主持人在不同场景中穿越的效果，如图6-40所示。

图6-40　室内挂蓝幕拍摄

↘ 6.3.2 “穿越时空”与分屏制作

分屏是一种常见的创作手法，在第5章中有所介绍。巧妙利用好分屏技术，能创作出许多有趣的视觉效果。

1. 案例展示

在短视频中常见的分屏效果往往是用多屏来展示同样的内容（见图6-41），也有人用分屏来展示同一场景中的两个不同视角的画面，例如既呈现主观视角的画面，又呈现旁观视角的画面。

图6-42展示的这种“呼应式”的分屏效果，是一种有趣的创作方式，即画面的两个屏幕中的主体不同，却在做相同的动作，这两个不同的画面放在一起反而产生了某种和谐感。

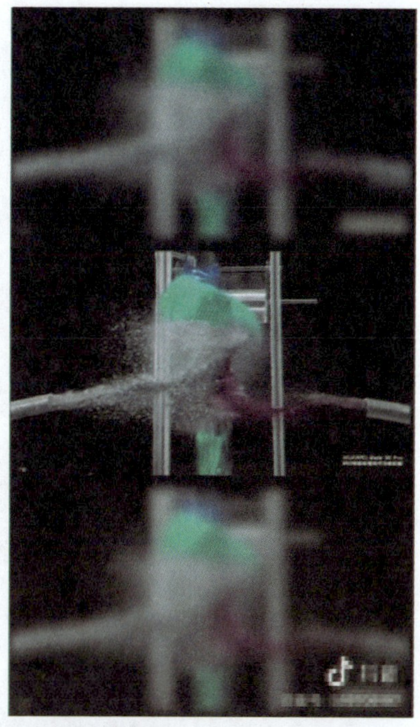

图6-41　短视频中常见的分屏效果

图6-42　“呼应式”的分屏效果

图6-43展示的这种“互动式”的分屏效果也值得创作者学习。左右画面中的景物或人物明显处于不同的场景当中，却在画面中形成了互动关系，例如左边屏中的伞与右边屏中的伞形成了同一个圆形，左边举着剑的人物和右边的电子游戏中的人物在互击，左边的篆刻与右边的芯片形成了同一个长方形，左边的人物与右边的人物共同形成了一个人，这种效果增强了分屏之间的联系，产生了“穿越感”。两屏间的互动有效增强了画面的趣味性。

图6–43 “互动式”的分屏效果

2. 摄制工具

拍摄设备：单反相机、微单相机、摄像机、智能手机。

辅助设备：三脚架、手机支架。

剪辑工具：PR、剪映等后期剪辑软件。

3. 摄制技巧

在创作这类短视频时，最大的难点是前期的脚本设计。除了构思画面，还需要提前到实拍场地踩点，收集实拍道具，制作好每一幅画面的分镜头脚本，通过精心设计，实现分屏画面中的“呼应”或“互动”。

随后在拍摄时严格执行脚本中的设计，避免画面取景产生偏差，最终将两幅画面很好地拼在一起，还要注意两幅画面色调的统一与和谐。

在剪辑时，将两段画面拼在一起，要注意“呼应”的点或“互动”的点的协调。

↘ 6.3.3 “卡点短视频”与音频波形

“卡点短视频”在以抖音为代表的各类短视频平台中非常受欢迎。所谓卡点短视频，是指以音乐的重音节奏为剪辑点来剪辑的短视频。

1. 案例展示

如第4章所述，“卡点”是非常常用的剪辑方法，它要求创作者将画面的剪辑点与音乐节拍中的重音相对应，形成剪辑的节奏，从而营造出观众的心理节奏，图6-44展示的短视频就是一个典型的卡点短视频。

图6-44　卡点短视频

2. 摄制工具

拍摄设备：单反相机、微单相机、摄像机、智能手机。

辅助设备：三脚架、手机支架。

剪辑工具：PR、剪映等后期剪辑软件。

3. 摄制技巧

卡点短视频的剪辑点较多，因此需要拍摄的画面较多，并且需要提前选择音乐，根据音乐节奏数出需要拍摄的画面的数量，制作相应的分镜头脚本。也可以在音乐的重音位置，将画面做定帧处理，或插入照片，使画面暂停的时长更长，起到强调画面的作用，帮助观众形成记忆点。

卡点短视频的剪辑并没有技术难度，但有剪辑技巧，创作者可以通过观看音频的波形来确定剪辑点。

以剪映为例，在底部菜单栏中执行“音乐”|“踩点”命令，如图6-45所示，再选择“自动踩点”，软件会用黄点自动标识出音乐中重音的位置，随后在画面剪辑时，将所有画面的剪辑点与黄点对应即可，如图6-46所示。

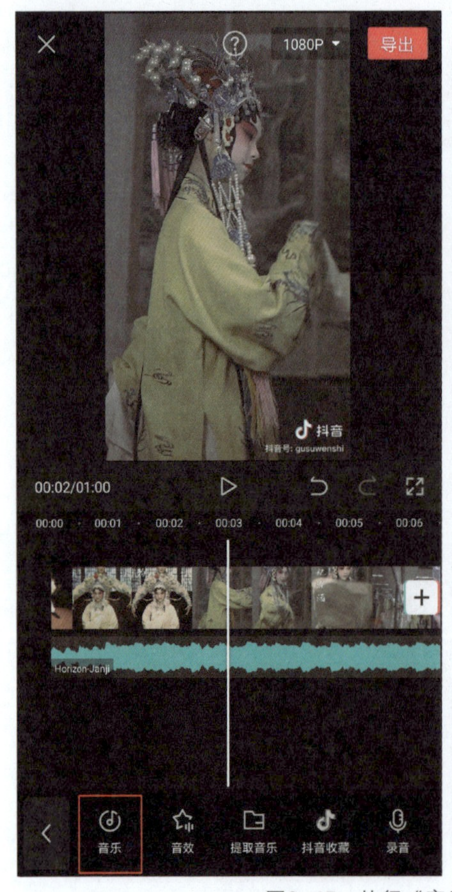

图6-45　执行“音乐” | “踩点”命令

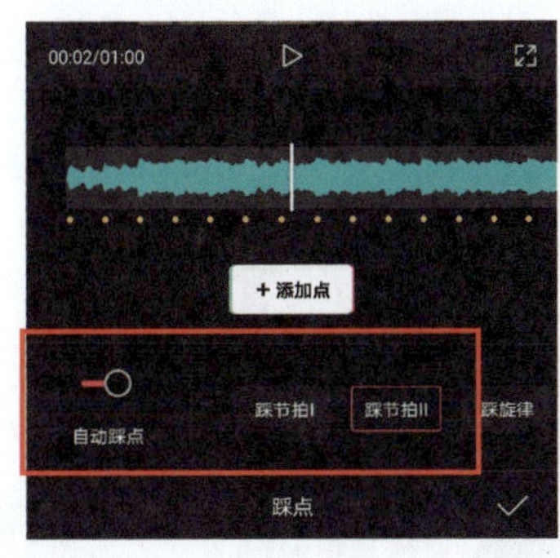

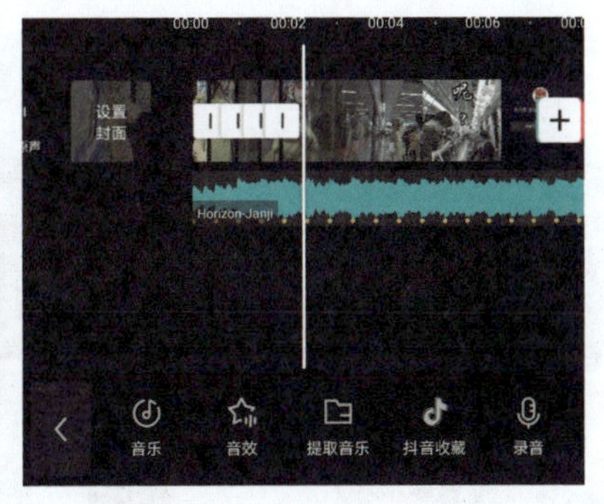

图6-46　选择“自动踩点”

在PR中也可以采用观察音乐波形的办法“踩点”（见图6-47）。在PR中进行剪辑时，放大音频轨道，就能看见波形的高低起伏，可以将每个波峰作为画面的剪辑点，这就是快速“卡点”的剪辑技巧。

图6-47　利用PR中的音乐波形“踩点”

↘ 6.3.4 “移形幻影”与蒙版

在一些短视频中，我们还能看到一些“移形幻影”的画面，一人分身成多人，其实这是在后期剪辑时使用了“蒙版”功能。

1. 案例展示

图6-48展示的画面的制作难度并不大，使用前文介绍的一些全景相机、运动相机，用“AI分身”功能可以一键自动完成制作。但其实，前期用普通的相机或手机拍摄，在后期剪辑时做简单的处理，使用蒙版就能非常便捷地完成这类效果的制作了。

图6-48　短视频中一人分身成多人

另一类“分身术”的短视频也非常常见，一个人分别饰演两个角色，在同一个镜头中，与镜子里的自己对话，这种效果也是利用蒙版实现的，如图6-49所示。

图6-49　短视频中一人分饰两角对话

2. 摄制工具

拍摄设备：单反相机、微单相机、手机。

辅助设备：三脚架、手机支架。

剪辑工具：PR、剪映等后期剪辑软件。

3. 摄制技巧

后期制作软件中的“蒙版”功能，可以理解为画面局部的裁剪工具，通过建立蒙版，保留画面的其中一部分，删除画面的另一部分。当有两个以上的视频轨时，上层轨道的画面被剪裁了，下层轨道的画面就会显示出来，和上层轨道的画面相叠加，“拼”成一个新的画面。这就是“移形幻影”“分身术”实现的原理。

下面以图6-49的案例为例来展示如何利用“蒙版”来制作一人“分身”的效果。

首先进行拍摄，架好三脚架，使用固定机位，采用完全相同的景别和角度，分别拍摄两段画面。一段画面是镜外的人说话，一段画面是镜中的人说话。

在剪辑时，以剪映为例，将镜外人说话的视频导入剪映，随后点击“画中画”按钮，将镜中人说话的视频也导入进来，此时两段视频分别位于两个视频轨上，如图6-50所示。

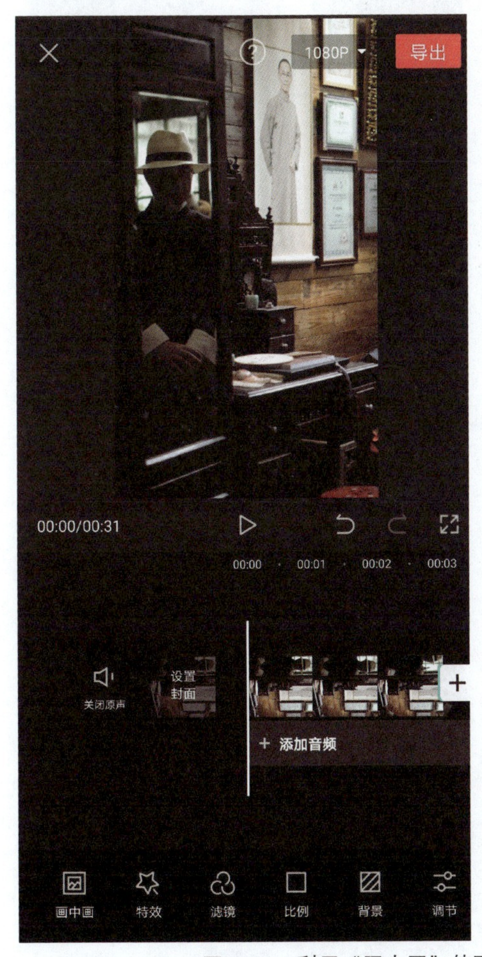

图6-50 利用“画中画”使两段视频分别位于两个视频轨上

随后点击“蒙版”，使用线性蒙版，将镜中人说话的画面删除一半，即露出位于该画面下层的镜外人画面，如图6-51所示。

最后，调整好两个视频轨道上的画面，使其形成一问一答的场景即可。

实战经验笔记

制作这类视频，在技术上其实并没有太大的难度，重在创意。但要注意在前期拍摄过程中，一定要保持相机机位不变，背景中不能有运动的人或物，才能在后期剪辑时利用蒙版顺利实现画面拼合，不露出破绽。

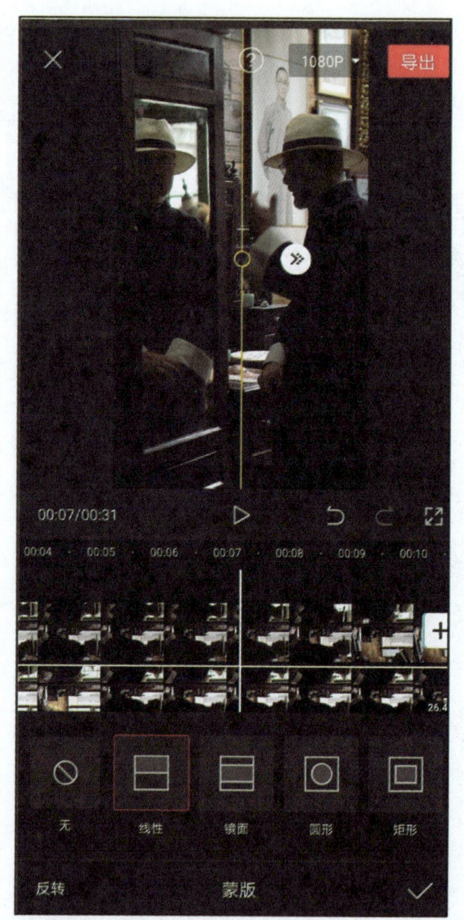

图6-51　利用蒙版将镜中人说话的画面删除一半

实训题

请你利用“分身术”的剪辑方法，在操场上拍一段打篮球的短视频，将其做成图6-48的效果。

制作方法提示：将一段固定机位拍摄的打篮球画面复制成6份，并平行放置在6个视频轨上，在每段要做定格动作的剪辑点“剪断”素材，并为该定格动作制作帧定格；使用蒙版，将球手前进方向的部分画面删去，这样该定格动作就被保持在了画面中，而下一层视频轨道上球手运动的画面也显示了出来。

以此类推，直到制作出图6-48的效果。

这里只介绍了使用剪映剪辑的方法。使用PR软件也能利用蒙版实现同样的效果。在第4章介绍使用PR软件制作片尾时，已经介绍了蒙版的操作方法，在此不予赘述。

剪辑软件的操作并不复杂，如何巧妙地利用这些技术创作出更丰富、有趣的作品，才是学习的重点。而如何通过运用这些技术来表达思想、抒发情感，而不是“为了炫技而做”，才是短视频创作的难点。

6.4 借助动画软件

过去动画制作的从业门槛高，操作较为复杂，如今借助一些“傻瓜式”的软件，短视频创作者也可以制作出有趣的小动画作品。本节介绍了一些简单易上手的动画软件，创作者使用这些软件可以为短视频作品增添不少趣味性。

↘ 6.4.1 手绘动画制作软件

如今有很多软件能够帮助创作者快速制作出富有童趣的短视频。

1. 案例展示

要想制作出图6-52这样富有童趣的短视频，首先要了解动画的原理。动画与视频的原理完全相同，制作动画首先要制作出一组画面，每幅画面中的人或物有细微的变化，当画面连续播放时，就能形成“会动的画”。而这类制作手绘动画的软件，则用来帮助创作者把“画”放在一起并连续播放。

图6-52　富有童趣的手绘小动画

2. 制作工具

制作这类手绘动画的软件多是一些装在手机或平板电脑上的应用，本节以FlipaClip为例来介绍这类软件的使用技巧。创作者通过学习该软件的操作，可以了解动画软件背后的逻辑，从而快速地掌握其他同类型的动画软件的使用方法。

3. 制作技巧

FlipaClip是移动端的应用，可以在手机或者平板电脑的应用商店中找到。

（1）创建项目

打开FlipaClip，点击红色“+”创建一个动画项目，如图6-53所示，分别设置好背景、画布尺寸、帧率，如图6-54所示。与视频不同，简易的动画短视频的帧率通常不需要30fps这么高，一般可设置为12fps。手绘动画略带卡顿感观众是能够接受的。由于画面均为手绘，画布尺寸也不需要太大。创作者也可以根据自己的实际创作需要进行调整，也可以考虑使用竖屏制作动画。

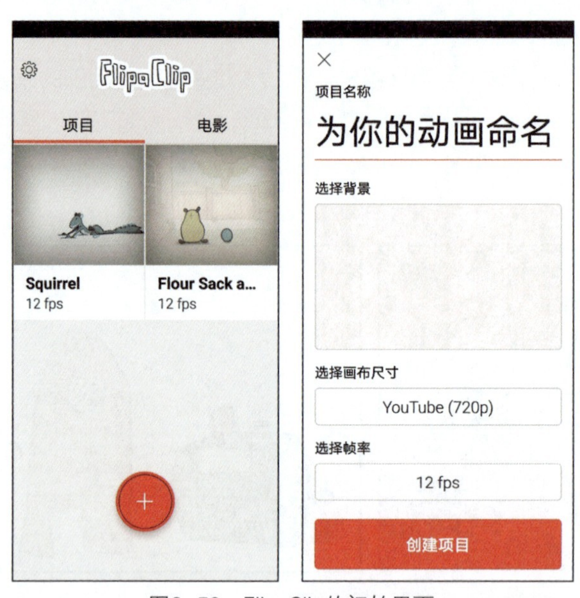

图6-53　FlipaClip的初始界面

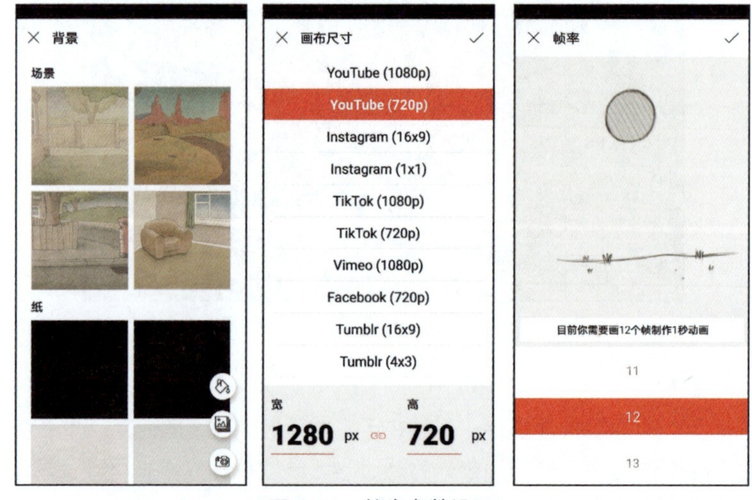

图6-54　基本参数设置

（2）绘制卡通造型

在背景画布中，利用画笔和填色工具绘制出卡通造型，如图6-55所示。

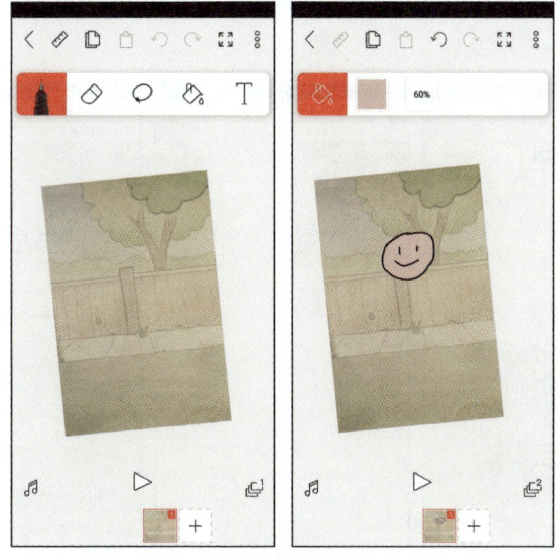

图6-55　绘制卡通造型

（3）新建图层，分层绘制

点击页面右下角的选项新建图层，在新的图层上绘制另一个卡通造型，如图6-56所示。将帽子、人物、小汽车3个卡通造型分别绘制在不同的图层上，这样做的好处是可以分别给每个造型添加不同的动作，互不干扰。点击选项，可以选择图层，显示“1”即表示当前的操作图层为图层1。

图6-56　新建图层，分层绘制

（4）批量复制多幅画面

点击右上角的 选项选择“动画帧查看器”，如图6-57所示，可以看见当前所有的帧。点击 选项即可选中当前所有的帧，点击 选项即可进行复制，点击 选项即可粘贴所复制的帧。这样就有了多个相同的帧。

图6-57　对帧进行复制

（5）在每幅画面上做动作调整

在每幅画面中，可以对卡通造型做进一步的动作调整。选中要修改的画面，点击 选项，随后在屏幕中的当前图层上选定要移动的某一区域，用手指拖动即可完成该选区的移动。例如，通过调整帽子、人物、汽车的位置，可以形成“小车开过，小人在马路边欢呼雀跃”的效果，如图6-58所示。

图6-58　为每幅画面添加动作

（6）输出视频

在动画全部制作完成之后，点击页面右上角⋮选项，选择“制作电影”即可输出手绘动画作品。

实战经验笔记

在应用商店中有不少好用的制作手绘动画的软件，创作者可以下载相应软件，配合电容笔画出更精致的手绘动画，如图6-59所示，但这对创作者的绘画基础有一定的要求。

图6-59 更精致的手绘动画

6.4.2 快速动画与其他常用软件

随着技术的下沉，除了手绘动画软件，市面上还出现了其他各类快速动画制作软件，创作者可以根据自己的需要有针对性地深入了解。

1. 案例展示

图6-60展示的动漫类短视频更符合年轻用户的偏好。这类动漫短视频是用必剪快速合成的。必剪是B站开发的一款安装于移动端的视频编辑应用。它并非动画软件，功能和剪映非常类似，可以剪辑各类视频。但这款剪辑软件最大的优势在于，能制作符合B站用户喜好的二次元动漫虚拟形象，通过音频合成、动作合成等，迅速完成短视频的制作。

图6-61展示的MG动画效果，是用万彩动画大师制作的。万彩动画大师是一款安装于PC端的快速动画制作软件。使用这款软件制作出的动画被称作“MG动画”，即Motion Graphics。MG动画是介于平面设计作品与动画片之间的一种产物，在视觉表现上，其使用的是基于平面设计的规则，在技术上则使用了动画制作的手段。

图6-60　使用必剪制作出的动漫类短视频画面

图6-61　使用万彩动画大师制作出的短视频画面

图6-62展示的这种动画与前两类动画相比，更立体逼真，这是用CTA软件制作的。CTA软件的全称为Cartoon Animator，是安装在PC端的一款软件。CTA软件制作的仍然是2D的画面，但能模拟出3D动画的效果。

图6-62　使用CTA制作出的动画效果

2. 制作工具

手机端的剪辑软件，如必剪等；PC端的剪辑软件，如万彩动画大师、CTA等。

3. 制作技巧

这类快速动画制作软件本质上都是基于平面设计的规则来制作动画的，因此相对于其他的动画软件来说，这类动画软件更简单、易上手。

必剪、万彩动画大师、CTA这3个软件是从易到难的。安装于手机端的必剪非常简单，几乎零门槛。安装于PC端的万彩动画大师相对较简单，并提供了多个创作元素模板，创作者可以像搭积木一样将动画场景快速搭建起来。CTA相对复杂，但与专业的动画软件相比，仍属于简单、易上手的快速动画制作软件。但CTA对计算机的性能要求较高。

在各自的官方网站中，也有这些动画软件的详细使用教程，感兴趣的创作者可以根据自己的需求，选择合适的软件进一步深入学习。需要注意的是，短视频创作的生产节奏是“短平快”的。短视频创作需要控制创作成本，创作者不必一味追求形式的花哨，要记住形式需要为内容服务，只有具备优质内容的短视频才会被平台大力推荐，并受到用户的认可。

课后练习题

1. 延时摄影在哪些影视作品或短视频作品中被采用过？请列举出两三个例子，谈谈延时摄影在作品中起到了怎样的作用。

2. 利用“停机再拍”，你还可以设计出哪些具有创意的短视频作品？

3. 请你将抠像技术与蒙版结合，创作出更有创意的短视频作品，例如为自己设计一款“隐形衣”。请做出创意短视频脚本并完成摄制。

4. 请你利用蒙版为自己设计一个“我让时光静止”“我让时光倒流”的短视频。请做出创意短视频脚本并完成摄制。

5. 除了本章学习到的创意拍摄方式外，还有许多有趣的创作技巧，比如利用一些小道具进行借位拍摄，利用水的倒影拍摄等，都能形成非常好的拍摄效果。请分析图6-63展示的案例，想想这类创意拍摄是如何实现的，你还能创作出哪些低成本且有趣味的作品。

图6-63 创意拍摄效果